勒·柯布西耶新精神丛书

现代建筑年鉴

[法]勒·柯布西耶 著
治 棋 译

中国建筑工业出版社

著作权合同登记图字：01－2005－6462号

图书在版编目（CIP）数据

现代建筑年鉴／（法）柯布西耶著；治棋译．—北京：
中国建筑工业出版社，2010
（勒·柯布西耶新精神丛书）
ISBN 978－7－112－11931－8

Ⅰ．现…　Ⅱ．①柯…②治…　Ⅲ．建筑艺术－研究
Ⅳ．TU-8

中国版本图书馆CIP数据核字（2010）第048538号

Le Corbusier：Almanach D'architecture Moderne

策　　划：董苏华
责任编辑：董苏华　孙　炼
责任设计：赵明霞
责任校对：刘　钰

勒·柯布西耶新精神丛书
现代建筑年鉴
［法］勒·柯布西耶　著
治　棋　译
*
中国建筑工业出版社出版、发行（北京西郊百万庄）
各地新华书店、建筑书店经销
北京嘉泰利德公司制版
北京云浩印刷有限责任公司印刷
*
开本：880×1230毫米　1/32　印张：7¼　字数：240千字
2011年3月第一版　2011年3月第一次印刷
定价：**28.00**元
ISBN 978－7－112－11931－8
（19225）

COLLECTION DE "L'ESPRIT NOUVEAU"

LE CORBUSIER

ALMANACH D'ARCHITECTURE MODERNE

目 录

致读者

如果说在这部年鉴中，我们对“新精神馆”（LE PAVILLON DE L' ESPRIT NOUVEAU）多有论述，说实话，那是因为本书根本就是一部有关这座新精神馆的金科玉律。

时至今日，《新精神》杂志已经年满5岁。明年的装饰艺术展很可能会引发各界人士对当今最令人困惑的那个问题的一场大讨论：就是有关我们对事物感知力的那个问题；就是有关那个很可能令我们激情洋溢、很可能给我们以深刻启迪的外部新世界的问题；这是一个在当今机械时代如何让新形式满足人类新感情的问题。因为我们是新人类，是建立在一成不变的老式人类基础上的新人类。在逝如流水的5年时光里，《新精神》杂志早已就此给我们提出过具体建议，提出过诸多“科学论断”（THEORIES）。而且《新精神》杂志已经为这些科学论断的论证“给出了答案”（PROPOSER UNE SOLUTION）。可以说，那就是一种思想体系。信则灵！

为实现这一宏伟目标，《新精神》杂志虽“囊中羞涩”[①]，但却在无人喝彩、孤军奋战的窘境之中喜出望外地绝处逢生，在其强大理念的感召下，无数双奉献之手、仁爱之手都曾慷慨解囊、雪中送炭。牢记群策群力的硕果结晶，感谢伸出援手的大方之家，这就是本书出版问世的初衷。并让那些参观过新精神馆的人、那些阅读过《新精神》杂志或丛书的人对我们长期奋斗取得的后续成果有所了解。还要表明一点，那就是，这部我们或曾部分参与其中的“单行本”（SIMPLE）绝非空洞之物，而是一部去粗

---

① PAUVRE COMME JOB，原意为穷得像约伯一样。据《旧约·约伯记》（OLD TESTAMENT，JOB）第1、2章记载：约伯是个义人，他“完全正直、敬畏上帝、远离恶事”；他儿女成群，拥有许多奴婢和大量家财。上帝想考验一下约伯，决定降灾难于他，于是约伯一下子失去了所有的儿女、所有的奴婢和所有的财产，约伯自己也从头到脚长满了毒疮。这样，约伯成了最穷困的人，但他对上帝仍然虔诚如故。后世的人们用此语来形容“穷困潦倒”、“身无分文”、“穷得无以复加”。——译者注

取精的集大成之作。

我们曾在上届装饰艺术展上搭建了一座 400 平方米的展棚。本书同时也是我们对那些或多或少曾为此提供帮助者心存感激的佐证。

1925 年 11 月

题　词

建筑是最能准确衡量一个民族忠诚度、判断力和严肃性的标尺。

——洛南[①]

年鉴

献给亨利·弗吕日先生[②]

献给E·蒙日尔蒙先生[③]

这是一部断续完成的作品。几番相互连贯的构思，彼此呼应。我们的锲而不舍始终如一。要涉及的方面数不胜数。我们可以把建筑升华到一个极高的境界："思想的反射镜"（MIROIR DE LA PENSEE）。因为建筑就是一种思想体系。

蜗牛有壳。蜗牛就生活在蜗牛壳里；天经地义。那我们怎么办？从机械论震惊社会的那一刻起，我们就在尝试把蜗牛放进类似儿茶（CACHOU）盒般的安乐窝里。而机械论则要把蜗牛重新放回蜗牛壳里。想得很美。

---

① RENAN，1823—1892年，法国哲学家、作家。——译者注

② HENRY FRUGES，1879—1974年，法国制糖企业家、勒·柯布西耶建筑艺术赞助商。——译者注

③ E.MONGERMON，法国瓦赞（VOISIN）飞机与汽车制造厂经理、新精神馆赞助商。——译者注

建筑年表

1. 建筑：建造庇护所。
2. 庇护所：围墙加屋顶。
3. 屋顶：跨越某一跨度，留出自由空间。
4. 庇护所采光：开出窗户。
5. 窗户：跨越某一跨度。

★ ★ ★

建筑由墙壁以及墙壁上的开口组成；包括被墙壁围在中间的支撑点（支柱、栋梁）；包括连接支撑点的横梁或拱梁；包括覆盖庇护所的顶部屋面，这些顶部屋面系由围墙、拱梁或者横梁支撑，而拱梁和横梁又是由支撑点来支撑的。

这些顶部屋面既可以是水平的，也可以是倾斜的，还可以是不同形状的穹顶。

★ ★ ★

凭借因地制宜的材料，使用因时制宜的设备，仰仗符合文明时代的精神表现手法，建筑学创造了和谐统一的布局系统，形成了纯净准确的有机体，一个有机的实体，一个不折不扣、货真价实、精准确切的个体，具备了由恒定不变且美轮美奂的合理性所产生的顺理成章的表现姿态，以一种从物质到精神舍我其谁的昂扬傲视群伦。建筑学在岁月的长河中留下的是人无我有的规范体系。

★
★ ★

这些人无我有的规范体系就是永远留在历史上的各类建筑作品。

★
★ ★

这些规范体系将它们的影响力从住宅一直扩展到了庙宇。

★
★ ★

装饰则是游离于规范体系之外的事情。未曾装饰之前，建筑压倒一切。

★
★ ★

每当一个时期未能成功产生某种规范体系之际，就是建筑的时代尚未成功问世之时。

★
★ ★

这种规范体系以严谨手法解决的是一个静力学的问题：因为每个建筑都联系着一种“结构”（STRUCTURE）模式。这种规范体系创造的就是一种实现全景造型奇观的形态和谐美。

静力问题的解决之道与全景造型的诞生取决于由这个建筑的整体性所营造的精神状态表现力，而精神状态不仅将这种整体性传导给了各种制成品，同时也传导给了人们的思维方式：这种整体性就是风格。

★
★ ★

因此“风格”（STYLES）与建筑学本身并无瓜葛。

历史上的建筑

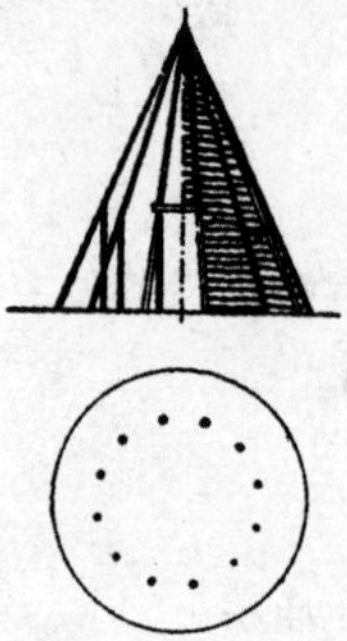

蛮族的茅屋

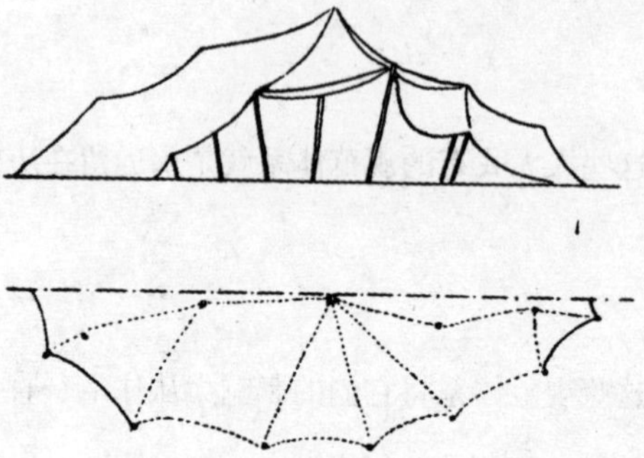

游牧者的帐篷

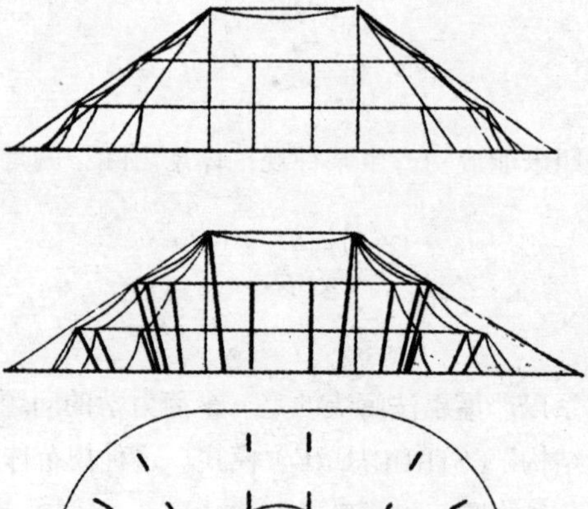

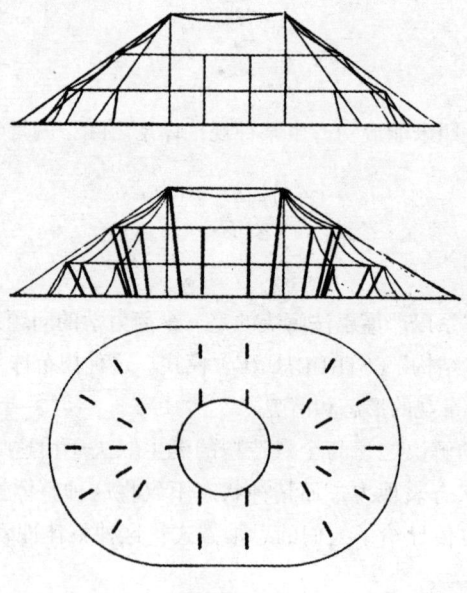

流动的马戏场

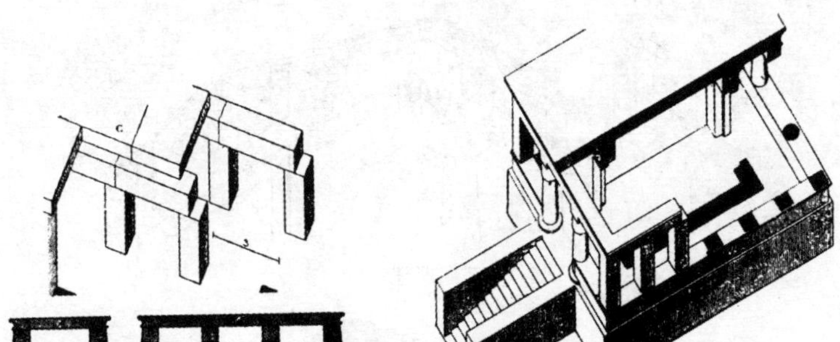

古埃及建筑

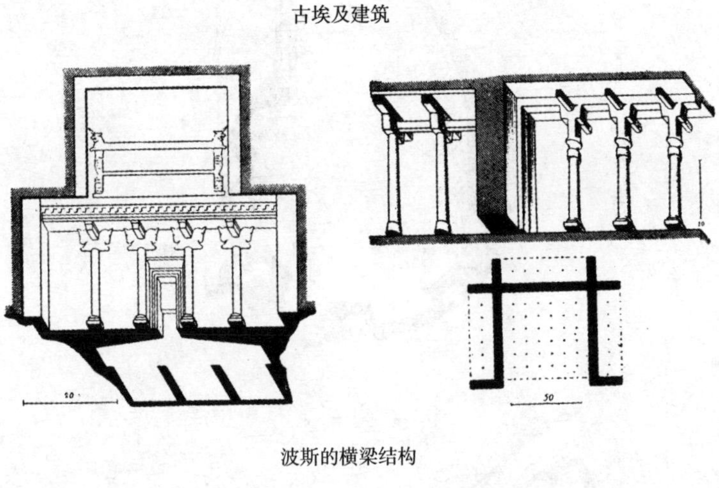

波斯的横梁结构

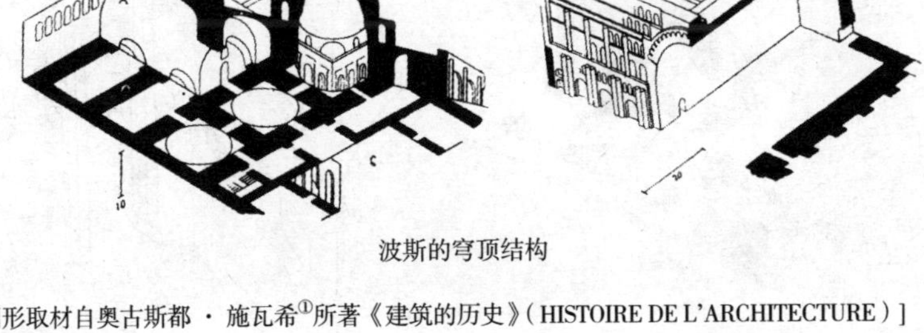

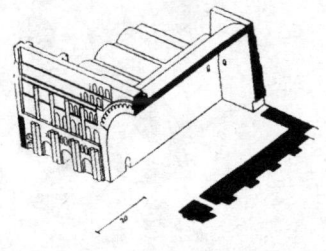

波斯的穹顶结构

[图形取材自奥古斯都 · 施瓦希①所著《建筑的历史》(HISTOIRE DE L'ARCHITECTURE)]

① AUGUST CHOISY，1841—1909 年，法国建筑史学家。——译者注

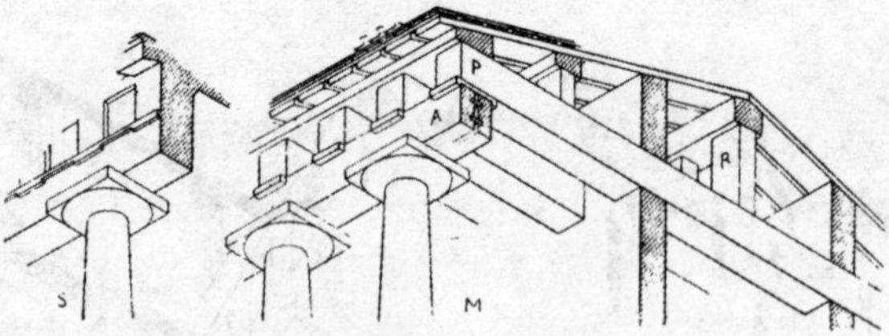

古希腊建筑

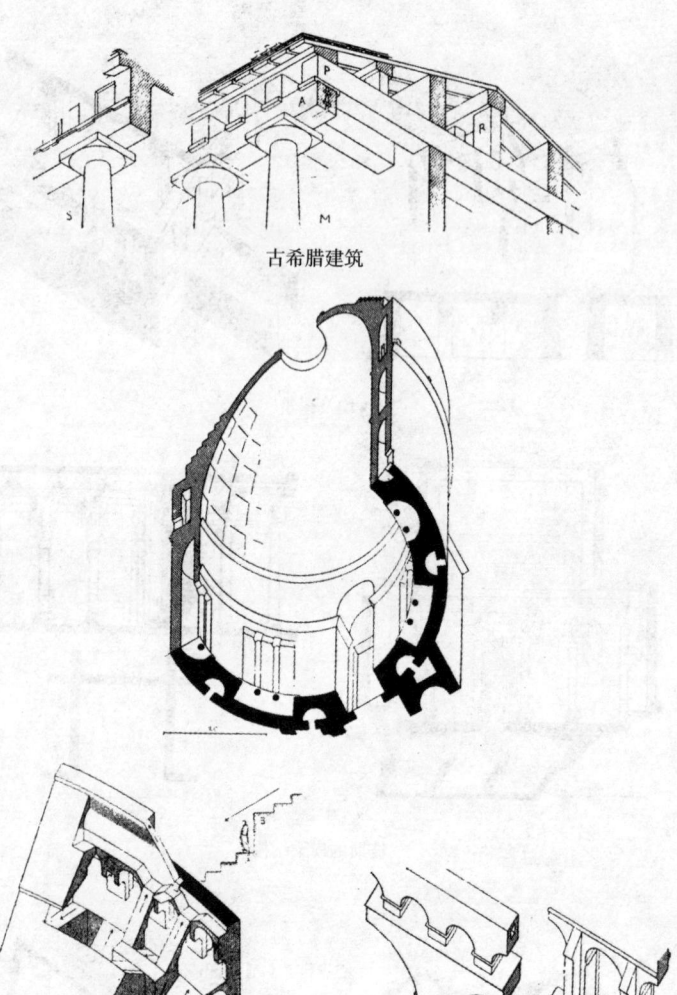

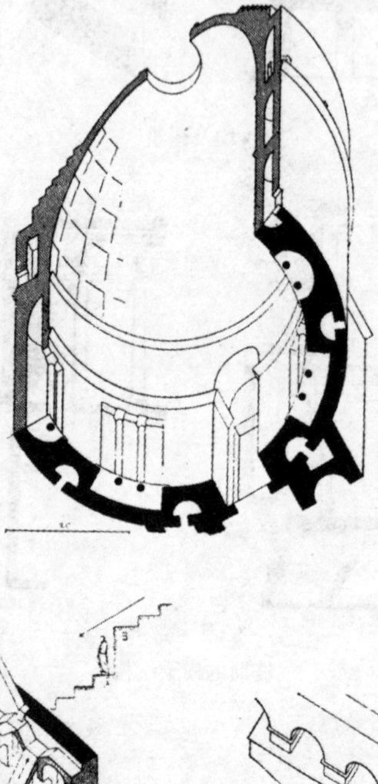

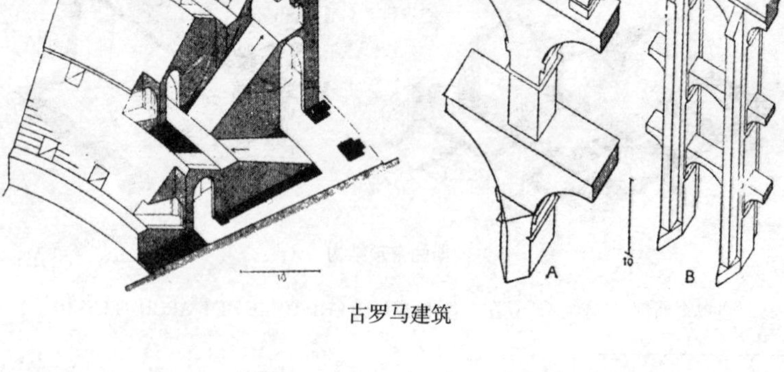

古罗马建筑

（图形取材自奥古斯都·施瓦希所著《建筑的历史》）

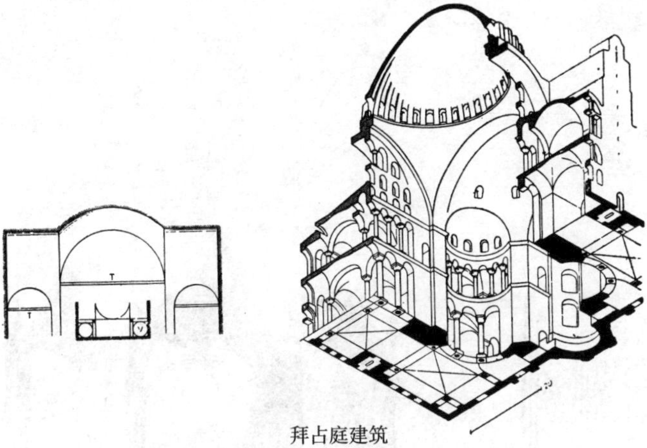

拜占庭建筑

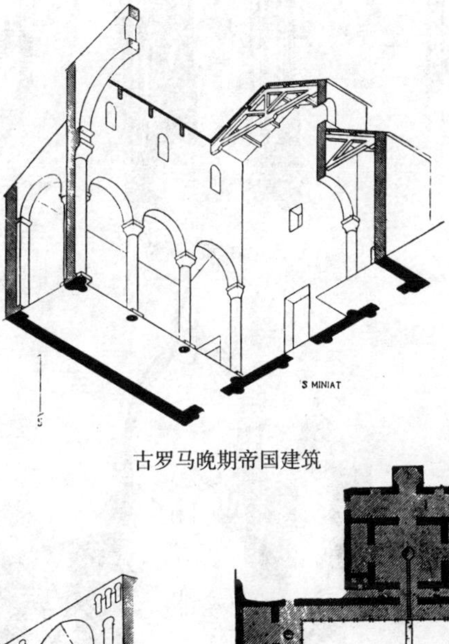

古罗马晚期帝国建筑

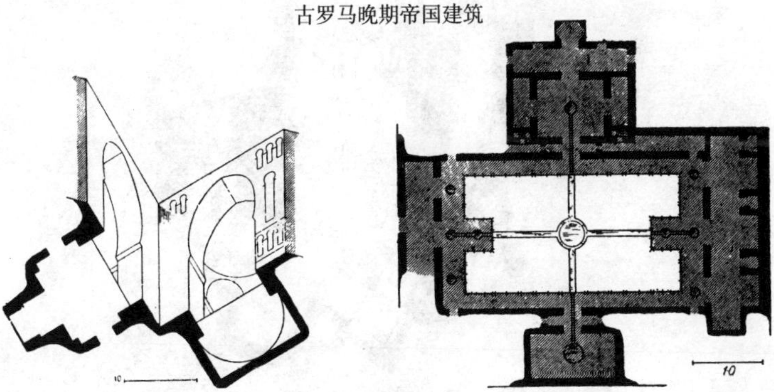

阿拉伯建筑

（图形取材自奥古斯都 · 施瓦希所著《建筑的历史》）

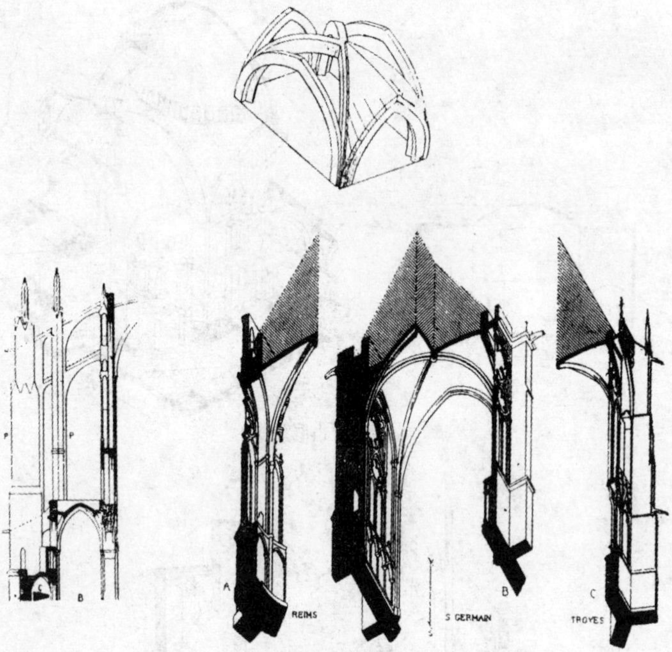

中世纪建筑（哥特式）

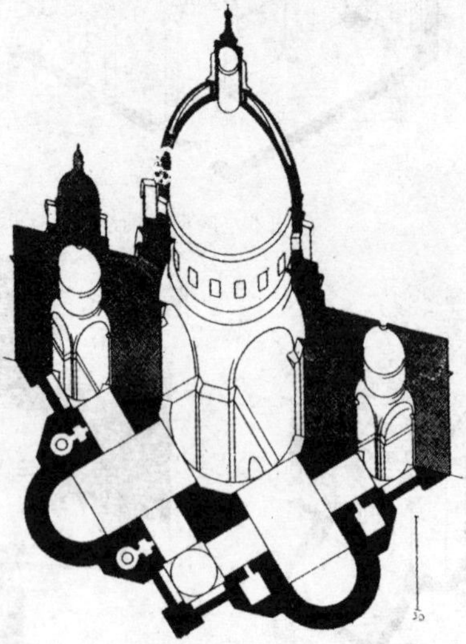

意大利文艺复兴时期建筑

（图形取材自奥古斯都 · 施瓦希所著《建筑的历史》）

现代时期建筑（钢结构）

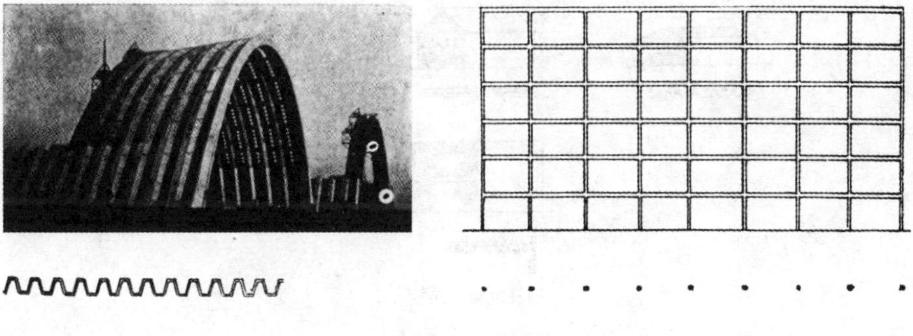

现代时期建筑（钢筋混凝土）

房屋

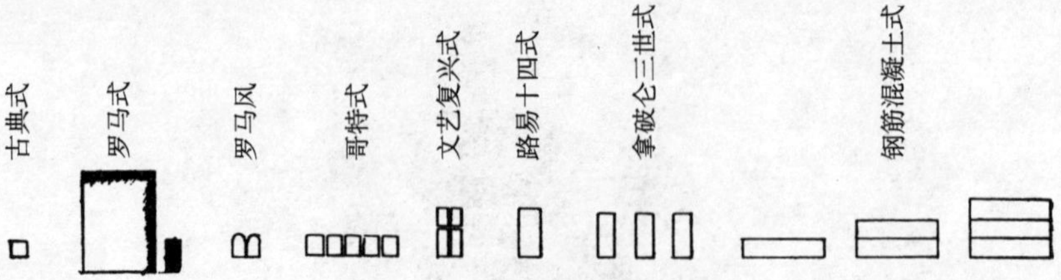

窗户永远对建筑构成阻碍。窗户随时间推移所发生的演变，标志着建筑装备的不断改进。

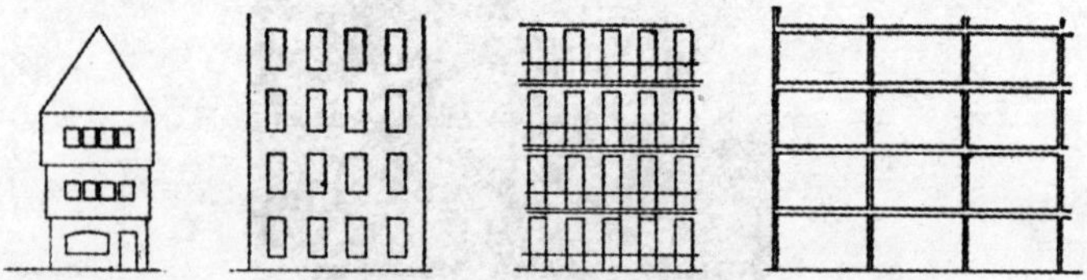

哥特式　18 世纪式　奥斯曼式①　钢筋混凝土式

窗户是建造房屋的主要目的之一。技术的进步带来了设计的自由。钢筋混凝土的出现在窗户的发展史上引发了一场革命。

罗马式砖瓦结构　平直式砖瓦结构　石板结构

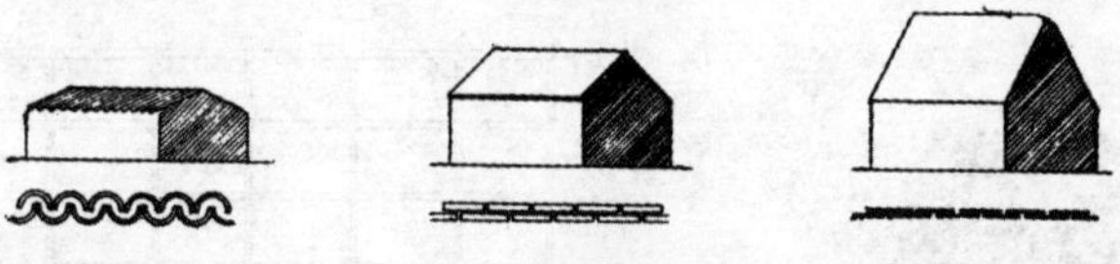

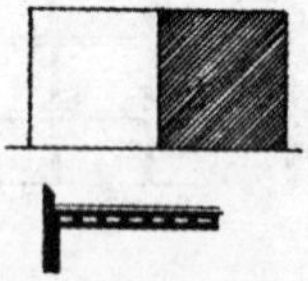

钢筋混凝土结构

密闭的屋面限定了房屋顶部的形状。手段的匮乏又遏制了人们让房屋更上层楼的“执著”（CONSTANT）梦想。钢筋混凝土的出现为我们带来了平面屋顶，从而革新了房屋的用途。

---

① AUSSMANN，1809—1891 年，法国男爵，城市规划师，以主持巴黎重建而闻名，巴黎今天的放射状街道即是其代表作。——译者注

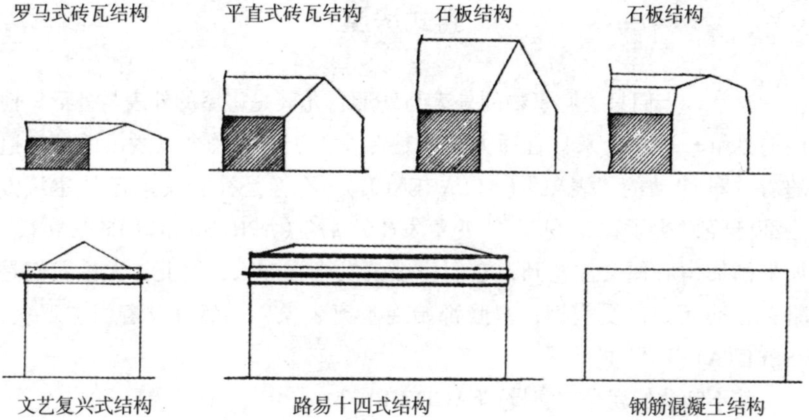

人们的思想倾向于找到简单的解决办法。而简单又是思想劳动的结果。这里，我们看到的都是由气候和材料决定的基本建筑形态。随后是从理想心态到接受竣工现实的勉为其难。

为我们装备了平面屋顶的钢筋混凝土同时也为我们带来了挣脱百年束缚的自由。

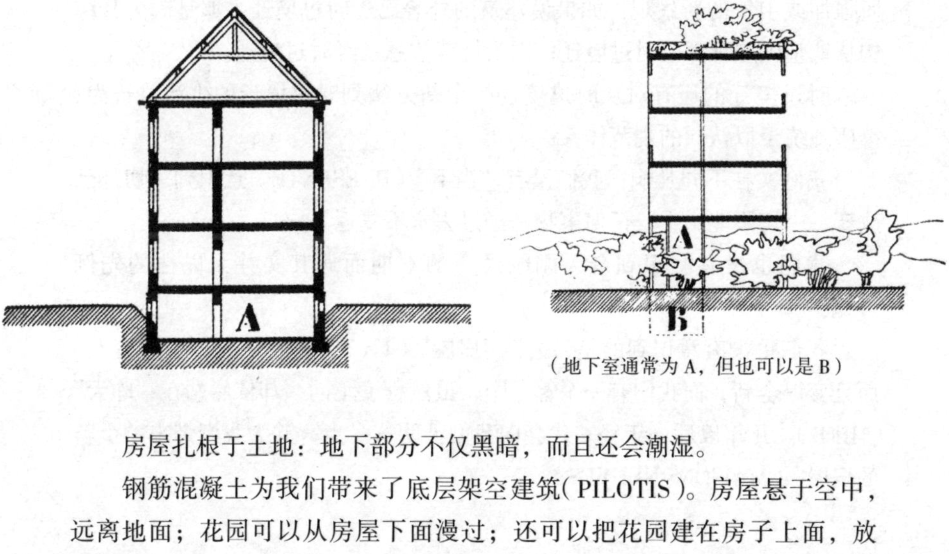

（地下室通常为 A，但也可以是 B）

房屋扎根于土地：地下部分不仅黑暗，而且还会潮湿。

钢筋混凝土为我们带来了底层架空建筑(PILOTIS)。房屋悬于空中，远离地面；花园可以从房屋下面漫过；还可以把花园建在房子上面，放到屋顶上。

新式房屋

通常，人们只关心事物的外表与外形。尤其是房屋的外表与外形。他们的见解——无论来自普通大众还是专业人士——总会以激昂的情绪追随着这种律动的“表象”（APPARENCE）。不管是社会现象还是建筑方法都已经发生了深刻变革：“变革发生之后”（APRES LEUR PASSAGE），如果稍加留心便会注意到，它们仿佛就发生在昨天；对此，无论我们是略有心动还是深受震撼，双眼都始终不离表象，仍然继续着当“观众”（SPECTATEUR）的日子。

殊不知我们就是“演员”（ACTEUR）！

而且，我们与现实的距离足有 20 年，甚至是 40 年，我们自己就是一个全新的人物。我们也许未曾有心留意：面对新生物体的惊人表象，我们宁愿欢呼，但我们的欢呼只针对不同范畴的物体，依循自古以来的法则，我们对这些物体寄予深情切意：尤其是建筑（还有绘画，以及家具、音乐，等等）。

在不无忧虑地谈到现代建筑的可怜表象时，我们忽略了沉醉于新景观无穷无尽且超群绝伦财富之中的快乐，那是由彻底的、革命性的手段创新所强加或引发的新景观：如果说建筑的外表已经时过境迁，那是因为其结构从地基到屋顶都已时过境迁；因为规范体系已经时过境迁。

时过境迁的还有对从时过境迁的全新方法到时过境迁的生活、行为、欲望统统予以认同的规范体系。

我们实在不同凡响：我们没有“当下”（PRESENTE）意识到一切都已改变，一切不能永生，任何事物一经过去永不复返。

我们也没有意识到今天刚刚经历的不期而遇其实并无以往的先例可循。

我们更没有意识到的是，最终，“房屋”（LA MAISON）已经由旧变新，而且变得全新，而我们有一个算一个，虽然程度不同，却依然站在“昨天”（HIER）。几年以后，年轻一代会向我们证明这一点，并为我们带来“全新的房屋”（MAISONS NEUVES）。

建筑的新精神

1924年6月24日在巴黎大学为哲学与科学研究小组所作演讲

1924年11月10日应东方之星之邀再次重讲[1]

女士们，先生们：

今晚我想试着表明，现代时期的建筑学已经走出了陈年积习，具备了健全而强大的技术，完全有能力支撑起一种审美观念，而且是由各种深层规范所形成的审美观念，毫无疑问，我们的技术是崭新的、纯粹的、和谐的，而我们的审美观念也是由一个全新时代所导致的必然结果，在经历过无数坎坷曲折与背道而驰的尝试之后，这种审美观念成功地在我们内心深处集聚起感性的坚实基础，这是一种只有人类才有的感情基础。

所以我们也许会意识到，这种新式建筑——姑且如此界定，很可能来势非凡，很可能会为深深植根于过去的传统链条增添一个新的环节。

我首先想在各位面前展示一组事实。

（有人在银幕上放出了一连串不同内容的胶片：上百幅画面依次分组呈现，前面缀有说明词，就像是一部电影：）

1.

新式物品横空出世，令人惊讶、出乎意料、强烈鲜活、震撼人心，打破了我们的常规。

图 1

谷物贮藏塔（加拿大）；
毕加索的绘画；
米开朗琪罗的建筑；
安全门；

图 2

奥利机场停机库；
帕提农神庙；
纽约的建筑；
布莱里奥[1]的飞机

---

① BLERIOT，1872—1936 年，首次飞越英吉利海峡的法国飞行员。——译者注

2.

精确至上。

经济先行。

我们不由分说地被拽往了一个新的方向。

另一个时代开始了。

在精确计算的纯净气氛中，我们获得了某种明晰的感受，这种感受激活了我们永志难忘的过去。然而，我们的惰性却贻误着我们的行动和思想：后悔、追思、疑虑、彷徨、畏惧、迟钝。

3.

时至今日，一个世纪以来的科学发展使我们获得了史无前例的强大手段。

我们手中掌握了新的物质。

与数千年来的人类历史相比,我们这个铁器时代依然是崭新的。

五大洲的人们开始了无比艰难的探索。

人民与人民之间分享着他们的感受，人类取得的进步迅速结出了硕果。

4.

到处都有人疑虑重重，

说明人们忧心忡忡，

证明人们渴望知晓，

预示着人们为一探究竟和豁然开朗而开始行动。

5.

人类始终疲于奔命。

心灵依然是充满人性的心灵，它在功利的建筑物之外追寻着激情，它在憧憬着普天同乐的满足。

新的事实，散发出浓烈而盎然的诗意。

心灵力图把突发事件与深刻而内在的激情紧密相连。

你们刚刚在银幕上看到了一系列七拼八凑的画面；这组画面令许多人难以接受，甚至惊诧不已，但它却构成了我们几乎时常经历的生活场景，而我们所处的就是这样一个每天都会推出惊人创新的时代，这种抚今思昔的对比如此强烈，足以令我们应接不暇，并且总会让我们终日沉浸在那种强烈的震撼之中。

举个例子，你们刚才看到的还有“巴黎”（PARIS）号客轮，呈现在你们面前的是一件令人叹为观止的物品，精美绝伦；接着，就在同一艘客轮上，我们又向你们展示了它的客厅，这个客厅无疑会为你们的感受泼上一盆冷水：其实你们都会感到不可思议，在一座如此完美有序的建筑物的中央，居然会遭遇到如此的二律背反、如此的不合常理、如此的格格不入，说到底就是如此的矛盾对立，与轮船宏伟的轮廓相比，其内部装饰竟有着如此的天壤之别；告诉你们，前者是工程师们的科学杰作，而后者则出自所谓的装饰专家之手。

同样，你们还先后看到了枫丹白露[①]和贡比涅[②]王宫的大小客厅以及罗马的可隆纳[③]长廊：这些都是名动天下的建筑，具有多重价值，但那只是昨日的辉煌：你们可以把它们与构成当今生活范畴的那些建筑作个比较；它们会让你们感到难以接受，感到不合时宜，自然而然地会让我们的内心深处产生这样的想法，就是无论如何要试着多学些东西。

而在我们的学校，我们给予孩子的教育就建立在这些昔日作品的基础上；因而也就不难理解为什么我们的内心会终日为纷乱盘踞，为什么我们会饱受时时处处的忧患袭扰而不能自拔。

除此之外，我们还为你们展示了美国银行的室内装饰：那是如此整洁、如此精密、如此便捷，让人很难不感到美好。这些装饰就出自一位才华横溢的建筑师之手，他应该是一个热衷逻辑推理的人，头脑也十分清楚：不过，这个人在载有其作品的《银行家杂志》（BANKERS，MAGAZINE）里加进了一份邀请，邀请读者到他的公司登门拜访，为了吸引读者，他

---

① FONTAINEBLEAU，法国大巴黎区内的一个市镇，位于巴黎东南 55 公里处，始建于 12 世纪的枫丹白露宫即坐落于此。——译者注

② COMPIEGNE，即贡比涅，位于巴黎东北 80 公里处的一座城市，始建于 1751 年的贡比涅王宫即坐落于此。——译者注

③ COLONNA，兴起于 13 世纪的意大利名门望族。——译者注

所采用的最好的办法就是把他的工作室内饰公之于众。在这幅图片上，我们看到的是一间摆有文艺复兴式衣柜的房间，某个角落里甚至还放有一套作战盔甲，手执长戟，一张巨大的路易十三式餐桌，桌腿盘绕旋转、精雕细刻，地上铺着各式各样的地毯……布置这间屋子的人也就是设计银行内饰的人，而后者却充满着迥异于前者的逻辑性！这就是一个多面手所营造的差异。

还有呢。去年，我在阿尔卑斯山参观了一座巨大的水坝工程：这个水坝无疑将成为由现代技术建造的最美丽建筑之一，是一件最能令生性冲动者叹服的东西：诚然，其所处地域不可谓不庞大，但其所营造的观赏性则主要取决于设计者多方面的努力，有理性、有构思、有创意，还有敢想敢干的精神。跟我同去的还有一个朋友，是个诗人：我们错就错在把我们的激动之情说给了一同前往工地的工程师们；最后引来的只是他们的嘲笑与讥讽，我几乎以为那是他们对我们的担心。这些人根本没把我们当一回事；他们认为我们肯定有病。我们试着向他们解释说，我们之所以觉得他们的大坝令人赏心悦目，就是因为，在我们看来，同样规模的工程如果放到城市里，肯定会引起翻天覆地的变化。可突然，这些以准确、逻辑、实用精神建造了水坝工程的工程师却对我们大喊大叫起来："你们非得把所有大城市都毁了！你们这群粗人！你们根本不记得审美的准则是什么！"他们和我们是截然不同的两种人，连精神操守也是冰火两重天：他们习惯于通过精确计算来完成设计和施工，我们意识到，他们的所作所为正是无力想像天外有天的结果；他们始终是一群因循守旧的人。

事实上，我们就生活在世事纷繁的环境中，所以，如果我们试图看清当今形势，就必须重新对各种价值观念作出全面审视，如果我们想要证实，我们现在所过的生活与祖祖辈辈的生活无论怎么看都是从根本上截然相反、绝然不同的，那么我们就会发现，我们今天所获得的理念已经十分不同于父辈和祖辈们当年的理念。

我们正面临着新事件的出现，还有新精神的生发，而且是无比强烈的新精神，它超越了所有习俗与传统，并正向全世界蔓延；这种新精神有着清晰而统一的特性，有着最大程度的普遍性和人情味，然而，在过往的社会与我们今天所处的机器化社会之间，从来不曾有过如此巨大的鸿沟。

我们的这个世纪是与前400个世纪都格格不入的一个崭新世纪；基于精确计算、援引普遍规律而建造的机器，在我们天马行空的思绪面前树立了一种和谐而有形的规律体系；将所有结果强加于我们的生活，驱使我们的精神去往某种纯净的境界，它其实业已改变了我们的生活领域：两代人之间的沟壑已然挖好。

面对这条代沟，我们需要思考，需要停下脚步，尝试着搞清我们想要作出的决定，以着手建立我们当前真正意义上的生存机制。

由于不曾精确估量现实，此时的我们就是一群被革了命的社会个体。如果用心感受，这场革命仿佛就发生在昨天。我们是从一种快速、匆忙、严峻、艰辛、通常还是无法抗拒的生活中走来的；在我们的印象中，这一切似乎天经地义，而且每过一天，生活可能还会更添一层艰难，只是我们自己没有感觉到而已，再说一遍，与以前的时代相比，我们已经被彻底改头换面了。

只有投向历史的一瞥才会让我们意识到与过去的距离感。实际上，我们会在大众的生活中看到某些特殊时刻，在这样的时刻里，人们的精神曲线到达了一个拐点。从一种思维方式跳跃到另外一种思维方式，从某一种文化转移到另外一种完全不同的文化。

为了言之有据，请允许我以继古罗马时代后出现的中世纪时期为例，其实古罗马本身也是整个古代文化发展的必然结果。不知道具体始于哪一天，过渡开始产生；应该是在公元1000—1200年间：新的族群从四面八方涌来，完成了与本地先民的融合；结果就是先来的与后到的统统打成一片……然后，又过了一段时间，伴随着世纪的兴衰，人们在某一天欣喜地发现新的思维方式与行为方式骤然出现，彻底改变了直到彼时彼刻依然存续的一切事物。

如果说有哪一个领域的变化最为明显，那显然是建筑，这个领域为我们提供了其幸免于岁月摧残的大量典型证明。

古罗马的建筑完全可以自成一派，你们知道，其表现就是这种全拱形大门，它显示的是古代文化传统中对最基本几何形状的应用情况（*a*）。3个世纪以后，你们看，尽管不太明显，但建筑还是过渡到了形状极其复杂的另一种体系，揭示了一种全然不同的审美取向（*b*）。堪称一场重大

图 3

革命，就在这场革命进行得如火如荼之时，却没有任何人意识到转折点已经出现。

而且这场革命的力度远远超过了人们正常的想像力。

在古罗马时期，城市都是由最简单的棱柱组成的；在房屋的形状演变中，平卧式曾经一统天下：这种最单纯的几何体遍地开花，一直影响到周边最为细致的景观效果（*a′*）。在将近一个世纪的时间里，你们看到的这座城市与这幅风景历经巨变，最终展现在我们眼前的面貌与此前形成了鲜明反差（*b′*）。

现在正值秋天；人们正忙着把花园种满：我自己前几天就刚刚种好了两个园子。你们将会发现，人类的内心不仅会作用于像建筑这样纯粹人性化的作品，而且，还会通过改造景象、通过在特定精神状态下选择具有不同造型特征的树种，一直影响到被我们统称为自然界的所有事物。

人类对自然界的改造与所建房屋息息相关。在游历过诸多国家之后，你们会看到，不同的文化方式会打造出全然不同的环境景观；出于同样的精神状态，乡下的房屋呈现的就是一种形神一统。而气候并不是决定其如何依地势造型的惟一要素。

我想说的是，人们在不同的精神状态下和不同的精神境界中建立了不同的层次观念，有的高，有的低。无论如何，之所以出现这种情况，请允许我强调一下，是因为我确信（我会展示给你们看），我们的精神会受到几何学的支配。我的推论是，凡几何学强盛之际，便是人类精神从之前的不开化走向进步之时。

并不是说中世纪的文化没有开化，而是说它根植于一些尚未开化的事实之中，根植于一片混沌的过去，刚刚开始步入发展，相反，古代文化在几何学的作用下也曾取得过非凡的成就。

我要说明的是，人类向几何学的迈进在从房屋直到地势的人性化建筑中得到了充分表现。你们知道，现在这种样子的房屋几乎就是在平平淡淡的不经意间出现的：简陋的围墙，上面加上个屋顶：随着人类越来越细致的研究，它开始慢慢发生变化，从最初的平卧式起步，到了像文艺复兴这样的知识昌明时期，便直达平卧式房屋的全盛时期，一直达到由清晰轮廓组成平卧形体的巅峰时刻，而此前的平卧式房屋则以倾斜式的屋面、三角形的门楣、屋顶上的天窗等累赘而功亏一篑。屋顶就隐藏在高出一层的顶楼背后，把顶楼放在前面的目的就是要遮挡住严重影响垂直体（ORTHOGONAL）主结构布局的屋顶斜面。文艺复兴时期的这种态势发展得如此强烈，甚至超越了理性的合理诉求，超越了对明快与简洁的精神追求。

你们看，这就是人类精神一点点形成的鲜活事例，这种精神最终发展

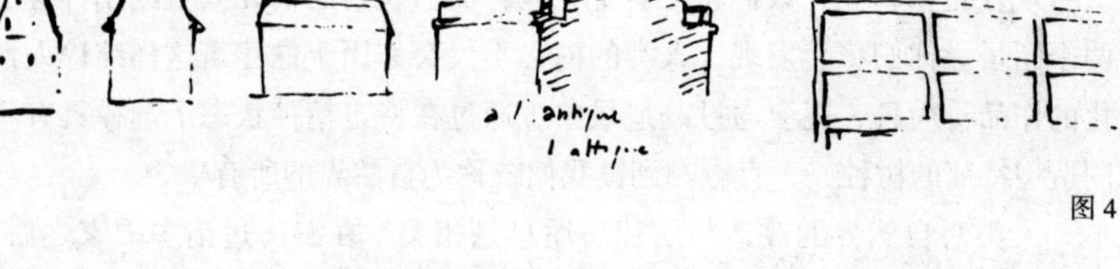

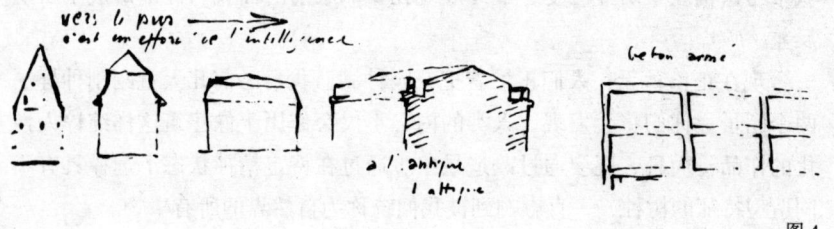

图 4

为对纯几何建筑手法的追求，或至少是用尽几何学所有可用部分的作品，也就是作为建筑语言的比例问题，在垂直体的布局中，比例问题得到了尽善尽美的表达（图 4）。

不过，到了今天，钢筋混凝土给我们带来了最为纯粹的垂直体解决机制，我们因而完全掌握了向几何学迈进的强大手段；我们今天所拥有的垂直体解决办法是任何一个历史时期都不曾拥有的，这种办法将会让我们把几何学作为最主要的元素应用于建筑当中。今晚，我本来是想一上来就先

详述几何学的价值及其无与伦比的重要性的。

所以，你们看，人类的精神世界就是在彼此相续的建筑发展阶段中形成并完善的；另外，建筑手段也在不断发展，并变得日益精确和强大；我们掌握了一种手段，这种手段给我们带来了垂直体和纯粹的几何学，我们应该满怀激情地为这一收获大书特书，因为它将让我们设想出具有高度建筑艺术的建筑作品。这种几何精神无疑是当前能令我们心驰神往的最为珍贵的宝物。不过，在高速发展的当今时刻，对这个原则的认知还是一件新鲜事物。

1920年时，我和两位朋友奥占方①与德尔梅②共同创办了《新精神》杂志，当时我们正面临着如日中天的立体主义现象：它意味着发明创造的无尽宝藏、躁动反叛的激烈行径，以及与造型元素的再度联手。除了立体主义，未来主义也生发出许多蓬乱的、热烈的、洋溢的、无节制的情绪。最后，还有达达③主义，一种青年人的运动，鲜明地代表着人在二三十岁时否定一切、怀疑一切或只相信自己亲身体验的那段人生经历。

在这一时期，《新精神》杂志就像一项亟待实施的规划，也可以说是一个有待建设的体系。我们别无选择，只能对机械论备加关注，因为我们断定它是一件新生事物，是当时的一件大事。现在还有人在攻击我们，而且这种攻击正在愈演愈烈。他们说，你们整天把机械论挂在嘴上，其实机械论我们全都了解；你们让我们的耳朵都听出茧子了，你们简直让我们烦透了！

如果说人们已经懒得再听到机械论，那恰恰证明思想意识的确立有多么的神速：当我们在当今社会变革和社会环境基础上尝试净化某个杂念纷呈的领域、建设某个和谐的精神体系时，我们就获得了新生；我们只需面对那些在机器的喧嚣面前、在作为武器的机器、作为锻锤的机器、冒着浓烟的机器、吞噬人类的机器面前自称心旷神怡或者义愤填膺的人群；我们这些人则正好相反，我们要做的是向机器学习，以便让它接下来只尽到服务于人的本色而已。我们不想再对机器大加赞赏，而只想对它作出客观评

---

① OZENFANT，1886—1966年，法国画家。——译者注

② DERMEE，1886—1951年，比利时作家、诗人、文学批评家、杂志编辑。——译者注

③ DADA，一战时兴起于欧洲的文艺运动流派，追求清醒的非理性状态，拒绝约定俗成的艺术标准、幻灭感和愤世嫉俗，追求无意、偶然和随兴而作的境界。——译者注

价；我们希望把所有事件都分门别类，以在理性获得胜利之后为我们的心灵找到激动的理由。

我相信，我们所进行的分门别类对于从一开始就进行的一系列研究还是大有裨益的。

此时此刻，我们还细化了导致机械论如日中天的种种条件，细化了作为催生现代化劳动手段的经济法则。我们注意到，机械论也是建立在几何学基础之上的，最终，我们得出结论，就事论事地说，人类只有依靠几何学才能得以存活，而且是纯粹意义上的几何学，由此，几何学自身的语言表明，秩序就是几何学的一种形态，而人类只能依秩序而行。

一个人所要做的第一件事，就是在自己面前建立起横平竖直的垂直体，做到井井有条，做到井然有序，做到一目了然；人类已经找到通过长宽高三条彼此垂直的坐标轴线来测量空间的方法。这种秩序现象在人类心中是如此天经地义，以至于说出来都让人觉得多余。但我们不要忘记我们刚刚告别一个时代—— 19 世纪末期——这是一个反对秩序的时代，一个在机器带来秩序的猛烈变革前吓得发抖的时代，也是一个恐怖的反动时代：它最不想要的就是秩序；依照秩序规划新生活只不过是几年前才出现的一种创举。

图 5

我说过，人类依秩序而行：当你们走出巴黎火车站的候车室时，在你们眼皮底下流动的是什么，不是庞大的秩序又是什么？不是一场为控制自然、规划自然、活得舒服，一句话，为在消除了人与自然对抗的、只属于我们人类的、充满几何学秩序的人性化世界中安身立命而进行的斗争又是什么？人类的劳动也只能依几何学而行。铁轨要绝对平行，路基坡度更是经过严格施工的几何体；桥梁、高架、船闸、运河，所有一直通到乡间的城市与城郊建设无不表明，只要人类有所动作，只要人类想把意志付诸行动，人类就势必会成为一个几何学家，势必会按几何学规律办事。人类的表现形式就是，在由自然界造就的景观当中，以格格不入的姿态突兀地呈现其中，人类的工程只能以竖直、垂直、平直等形状出现。城市就是这样开辟的，房屋就是这样修成的，统统都是直角的天下。

承认直角的绝对价值和有形价值本身就已经意味着对普遍秩序的肯定，普遍秩序对审美乃至对建筑都具有重要的、决定性的意义。

不管怎么说，关于直角，人们的认识始终含混不清。在一本名为《欧巴利诺斯抑或建筑师》（EUPALINOS[①] OU ARCHITECTE）的书中，保罗·瓦莱里[②]以诗歌形式准确道出了连专业人士都因诗才不济而无法表达清楚的各种建筑问题：他令人称奇地感悟并诠释了那位古希腊建筑师在创作过程中感受到的诸多既深奥又罕见的事物；然而，在描述苏格拉底与费德尔[③]的一场对话时，瓦莱里的演绎却相当令人费解。

“要是我让你捡起一块白垩石或者一块木炭，”苏格拉底说道，“然后在墙上随便去画，你会画什么？你最初的动作会是什么样？”

费德尔真就捡了一块木炭，开始在墙上涂画，并答道：“我觉得我画的是一道烟；它先飘到远处，然后又飘回来，纠结着，自己跟自己缠绕着，它让我看到的是一幅漫无目的的随意景象，没有起点，没有终点，除了在我手臂挥动下产生的随意动作外再没有任何意义。”

我们肯定不会接受这就是人类最初动作的说法。我不是哲学家，我只是一个会说会动的普通人，在我看来，我觉得人的最初动作不应该这么含糊，从一出生，人只要睁眼看到光明，欲望就会接踵而至：要是有人让我在墙上画点什么，我想我会画一个十字，由4个直角组成的十字，十字本身就是某种带有神圣意志的完美结构，它同时也表明了我对世界的拥有，之所以这么说，是因为我从四个直角中得到了两条由坐标支撑的轴线，通过这两条轴线，我可以表现空间，还可以测量空间。

---

① 约公元前6世纪，古希腊工程师、建筑师。——译者注

② PAUL VALERY，1871—1945年，法国作家、诗人、哲学家、认识论学家。——译者注

③ PHEDRE，古希腊雄辩家李西亚斯（LYSIAS）的学生。——译者注

保罗·瓦莱里似乎也得出了同样的结论。实际上，在稍后的内容中，苏格拉底就谈到了几何学：“我不知道还有什么比这更神圣、更人性、更简单、更强大的……”

有一天，艾利·福尔[①]对我说：“为什么一座桥梁能如此动人心弦？”我们认识到，在人类历尽沧桑的建筑中，桥梁是惟一完全由几何学造就的，在我们的视线中，这样的几何学既纯美洁净又直截了当。横跨于江河的奔腾蜿蜒、泥土的坍塌堆积与山石的交错嶙峋之上，坐落于林地的蓬松绵软之间，桥梁就像在一片纷乱嘈杂中熠熠生辉的水晶石般坚挺而执著。这是一种由人类建筑书写的充满人性光芒的执著。

结合在黑板上所画的图像，我曾向你们表明，一点一点地掌握了庞大设施的人类，先是在无意之间有所发现，随后便通过计算、通过重大的行动规范开始了有意识的探索；于是，人类找到了他的“标准”（STANDARDS）：几何学定律。

人类有时会感到，拒绝再从事繁重的手工劳动、而代之以机械化劳动的举动也许更为神圣，基于几何学原理，机器可以高效率地把人类停留在精神层面的设想付诸事实。人类实践着几何学，同时也在几何学的范畴内劳动着，他于是便可以实实在在地享受到这种无上的快乐，这种快乐就叫做数学秩序的快乐，我们也因此而不能不承认，在几乎只为几何学占据的人性中，无论是艺术还是思想都离不开这种几何与数学现象，因为现状如此。

我相信，到目前为止，我们还从未经历过像现在这样高度发达的几何学时代：想想过去，再试想一下当时的情形，我们就会为有幸活在一个几乎纯粹的几何世界、一个纯粹的人性化几何世界而怦然心动，在我们看来，这种人性化的几何精神已经足够纯粹：我们周围的一切无一不是几何学；我们从没有像现在这样把事物的形状看得如此清澈，圆形、圆面、长方形、角，还有那么宏伟、那么明快的清晰轮廓：简洁精纯的圆柱体、球体。机械论让我们看到了一个绝对崭新的世界面貌，这是以往任何一个世纪都不曾有过的。就连像毕达哥拉斯[②]、哥白尼等等这样伟大的数学家们，也只

---

① ELIE FAURE，1873—1937 年，法国艺术史学家、评论作家。——译者注
② PYTHAGORE，公元前 570—前 480 年，希腊哲学家、数学家。——译者注

能做到在自己的研究成果中自娱自乐，而今，这些数学成果在我们的日常生活中早已驾轻就熟。

从此，可以说我们有能力接纳任何一种大多由几何元素组成的艺术，因为它让我们享受到了数学的愉悦。本来，绘画就是先于其他艺术形式发展起来的，因为这是一种更容易实现的艺术——我说的不是构思，而是指的材料——而且它的变化比建筑艺术来得更快，后者只能是我们最终完全掌握的手段的产物，而且绘画已经由立体主义表现出了这种指向几何学精神的趋势以及对数学秩序的满足感；立体主义所做的努力正在日益向这个方向推进。

我的意思不是说这场运动得到了公众的附和；正相反，我们面对的是一股来势凶猛的反作用力，对我们报以强烈的抵触，这是自 19 世纪末反浪漫主义运动以来能与之相提并论的最新一股浪潮，是对机器的反感、厌恶和抗议。我们今天重又处于抗议这抗议那的境地，要命的是他们抗议的正是我们要做的；但这些抗议最终只是让我们多损失一点时间而已；事物的发展自有其内在规律。而无论是在其他艺术领域还是在绘画领域，几何学的介入正越来越成为一种普遍现象；至今仍被视为正常的、可接受的绘画，就是那种照猫画虎的简单行为，再也不能像从前那样只手遮天了。它将被一系列全新的造型手法所取代，这些手法一方面会剥夺绘画在表现手法上的既得利益——我这里指的是将所有对表现手法的好奇心尽数吸引到自己身上的电影和摄影术——另一方面，还会让绘画只能依照存在于其色彩、条块、线条之间的联系，总之是依照比例以及数学秩序的质量而苟活。当然还要依照其与我们周边环境紧密而必然的联系。

我们这就说到了建筑学当中的几何现象，我相信，建筑学之所以自某一时刻开始形成，正是因为具备了手段。

建筑学不大可能形成于 15 或 20 年前，因为那时我们还没有毋庸置疑地具备钢筋混凝土这种手段。诚然，钢筋混凝土问世已经 60 多年，但它被频繁使用并被所有人接受只是最近的事。我要重申，这种手段之所以能成为一种公共手段并被广泛使用，正是基于人们对垂直体的需求；从逻辑上讲，它天生就带有直角特征；因此，它生来就对我们构成诱惑，它包含了引发我们审美喜悦的基本原则。

[我很抱歉，我必须告诉你们，我举的都是我工作中的事例以及我的

合伙人皮埃尔·让纳雷（PIERRE JEANNERET）工作中的实例，我只想谈论我了解的事情，以避免可能出现的错误。]

我们习惯于只通过研究雄伟的宫殿来寻找建筑奇迹；这当然也是一个办法。可我只想说房屋，作为我的论证载体，它对建筑规律与准则的形成来说已经足够了。当今的建筑学关心的就是房屋，普通的、当下的房屋，适用于正常的、当下的人类。不包括宫殿。为造福当下人类、也就是"任何人"（TOUT VENANT）而研究房屋的过程,就是找到人的基本生活需求、人的基本活动范围，以及人与房之间最具象征性的需求、功能和情感的过程。

房屋具有双重极端性。它首先是"一个可居住机器"（UNE MACHINE A HABITER），也就是一个旨在为我们提供有效帮助以提高工作效率与工作精确性的机器，一个能满足我们身体需要的周到而体贴的机器：它意味着——舒适。而其次，它还是一个有助于安静思考的场所，说穿了就是一个具有宁静美并以这种美给人带来精神宁静的场所，这种宁静对人类是不可或缺的；我不敢断言艺术就是所有人的精神食粮，我只是说，房屋可以为某些人的精神带来美的感受。工程师为房屋赋予了完美的实用性，而让我们安静思考、让我们具备美好精神、拥有无处不在的秩序（它支撑着这种美好精神）的，则是"建筑学"。工程师完成一部分，建筑学完成另一部分。

房屋最直接地做到了以人为本，也就是说将一切都归结为为人服务，基于这一简单理由，房屋不可避免地会引发我们的兴趣，而且比任何其他事物更能引起我们的兴趣；房屋关系到我们的一举一动，它就是我们的蜗牛壳。所以它必须按我们的尺寸来做。

将一切归结于为人服务也因此而成为必然；这也是惟一需要我们认可的解决方案，它尤其是搞清当代建筑学问题、全面审视其所有价值观的惟一手段，简而言之，在经过最后一次文艺复兴浪潮的发展阶段、一次由6个世纪的前机械论文化所积淀的爆发、一个刚刚在机械论面前土崩瓦解的辉煌时代、一个与我们这个时代反其道而行地只注重营造君主宫殿和教皇教堂等外在奢华的时代之后，这样的审视还是完全有必要的。

不过，如我所说，我们正面临一件新生事物，机械论：原来那些符合人类基本活动范围的造房手段被悉数颠覆，加入了数不清的新内容，它与以往的传统做法截然相反，以致过往时期留给我们的一切不再具有一丝一毫的用处，一种全新的审美观念正在摸索中形成。我们正开始一种全新的“形态”（FORME）：我们将试图表现的就是这种形态。

以人为本，也就是与人类活动范围的关联度，如果用一个唐突的词汇来形容，那就是琢磨房门、琢磨窗户；房屋就是一只开有门窗的大箱子；而门窗都是构成建筑学的元素。我们甚至建成过房门高度达 12m 或 3m 的建筑物；无论前者还是后者都不够合适；人们过分夸大了自身的正常尺寸，一点一点地形成了一种脱离实际的测量规则，而我们的身材却始终保持在 1.8m 的样子。因此需要对这样的测量方法进行重新审视，对构成建筑学的诸多元素进行重新审视。

我刚说过，门窗都是建筑学的决定要素；这并非不合常理，研究过窗户的历史后，我们自会深信不疑。

在古罗马时期，庞贝[1]的房屋让我们看到，当时根本没有或几乎没有窗户；只有开向花园或内院的大窗洞（BAIE）。大窗洞用来让光线进入，而房门则用来让人进出（*a*）。

在我们欧洲国家，气候是一个与室内生活毫不相干的概念，它指的是外在的事物；不过，在墙体上开一个大洞确实十分艰难：因为在这个洞上面还要建东西，需要跨越一定的跨度；窗户的弧形拱顶（ARC）还不能开得太大；所以当时的窗户都很小（*b*）。

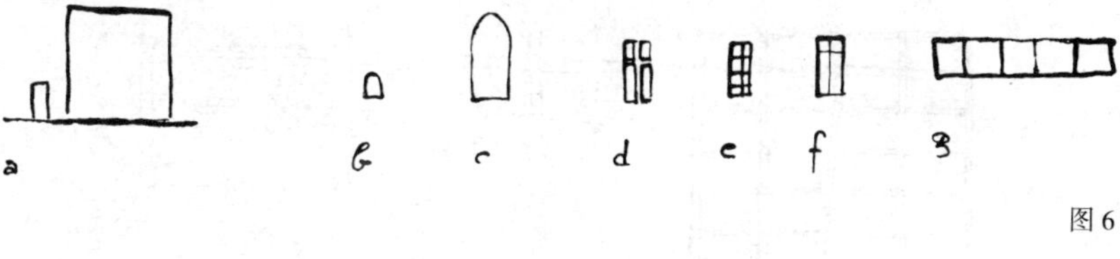

图 6

随着对桃型拱尖（TIERS-POINTS）的发现以及立柱支撑结构的完善，后来的人们建成了哥特式窗户（*c*），宽度变得更大，就像我们在大教堂中看到的那样；但是，在一般的房屋中，窗户不可能超过一定的宽度，因为那样一来窗户的弧形拱顶就会开得过高；房屋的层高就会过于夸张。

① POMPEI，意大利古城，公元 79 年为维苏威火山（VESUVE）的大喷发所掩埋。——译者注

所以窗户还是开得很小，哪怕多开几扇也无所谓。然后，文艺复兴迎来了突然出现的石质中框（*d*），这种中框的样子如果沿用至今恐怕仍会一成不变；但值得一提的是，从路易十四时期的房屋开始，这种石质中框便不再出现在新造房屋中，变得踪迹全无；日复一日，窗户越来越趋近人类活动范围；到了路易十六时期，所造房屋便完全吻合了人类活动范围（*e*）；最后还有奥斯曼式，在巴黎的重建工程中，奥斯曼确立了一种窗户的形状与尺寸，这种窗户就像公民权利一般无处不在，似乎已经完美到无需再做任何改动（*f*）。我要略去1900年前后的窗户，因为这时的窗户无缘无故地受到了来自世界博览会展馆那种石膏加混凝纸（由纸浆和白垩拌合经模压和烘烤而成的型材——编者注）建筑风格的影响。

所以整个建筑审美都来自一件基于实践的简单事实，房屋的层高，而且建筑审美还会受到一个新技术现象的巨大影响：钢筋混凝土。

直到这时，窗户还是不能有效扩大，因为那样一来就要做出很长的平直拱顶，而这在当时很难实现，或者做出很长的弧形拱顶，而那又会把房顶挑得太高。但现在，正如你们所知，我们终于可以利用钢筋混凝土支柱来造房子了，支柱的截面有15—20cm，平均间隔5m，柱与柱之间可以留出自由空间，就像从前靠墙体支撑房子一样，只是现在的房子一律改墙为柱了。从此后，新式楼房的外立面就变成了由立柱和钢筋混凝土横梁组成的大栅栏，立柱之间空无一物。

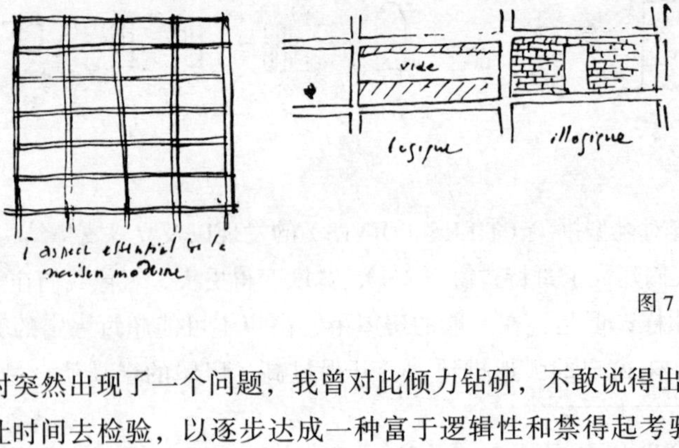

图7

这时突然出现了一个问题，我曾对此倾力钻研，不敢说得出了结论，但我会让时间去检验，以逐步达成一种富于逻辑性和禁得起考验的理论体系。

我自忖，既然这个问题出现的时候答案处就是空的，就算我把答案补上了又有什么用呢。窗户到底是干什么用的，难道不是给墙体照明的吗？并且这并不是一件一目了然的事，而是深藏于建筑学当中的一个事实。如果说窗户可以照亮它对面的墙体，那么它给侧墙带来的光线就要少得多，而被它穿越的那面墙壁则一点也照不到：两个黑暗区域淹没了整整半间房。反之，如果我留白于此，整个空间都可为我所用，我感受到的便是最原始、最符合人类生理特性也是最根本的建筑效果，我感受到的就是光线：谁沐浴在光线中都会感觉良好。就这样，我认识到，一扇以宽度见长的窗户与一扇面积相等但却以高度见长的大窗户相比，有着更多的优越性，因为它可以照亮侧面的墙壁。（此外它还在房间布局上具有其他实用效果，刚才已顺便提到。）

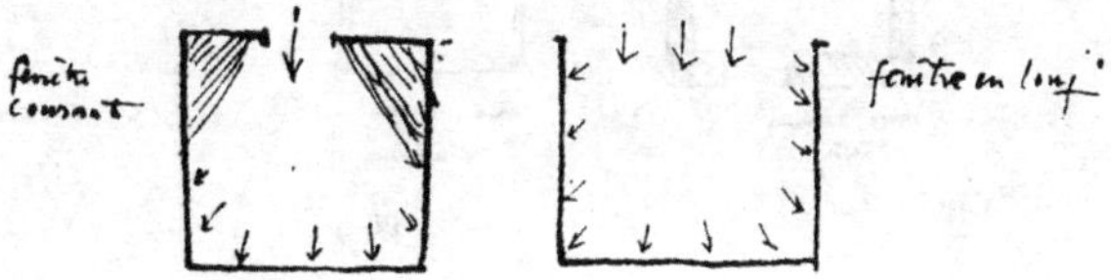

图 8

我们当然可以由此得出各种各样的结论，但我要强调的还是以人为本的重要性。我首先要把人放到他应有的位置中，弄清他所需要的一切，让房间里的人真正感到舒适。我也因此得出一个结论，这种窗户最大的好处就是符合人类的生理需要。所以我才会去关注这样一个尤其杂乱无章的建筑学范畴。（掌声响起）（见图 6 中的 *g*）

一直到 1900 年，人们提到房屋时，想到的还是传统的墙壁加屋顶；那确曾是房屋的两个关键部分。不开玩笑地说，我们有理由认为，墙壁加屋顶的房屋已经不复存在，不复有存在的理由。我来试着解释一下这其中的道理，不然你们完全有可能把它当作玩笑而不予深究。

从前，墙壁的作用与现在是不一样的：它被用来防范坏人；都市的城墙、堡垒的外墙、房屋的围墙，所有这些墙壁一概系基于防范思想而建。后来，这种最初的用途失去了必要性，但墙壁却留了下来，因为它们又具有了另外一种作用，支撑顶棚的作用。那时的墙壁都很厚，因为砌墙的石头彼此很难粘在一起，更不用说当时的人们还不掌握胶粘剂、也就是黏性极强的灰浆；灰浆的出现只不过是 19 世纪末的事；当时只有泥浆，要么是黏土泥浆，要么是松散的石灰泥浆，好歹能把石块或石子粘到一起：所以必须把墙壁做得很厚才能足够坚固。

比石头更为坚固的人造水泥胶粘剂出现后，人们便自然而然地想到了削减墙壁厚度的问题。但这一最终导致钢筋混凝土问世的发明创造，却让人们很快打起了干脆取消承重墙的主意。在广泛采用支柱的今天，我可以放言，过去那种墙壁已经用不着了。我只要把两根柱子的间隔堵上就可以抵御寒冷、酷暑乃至入侵，一堵薄墙足矣，但两层薄墙比只有一层的厚重墙壁来得更为有效。

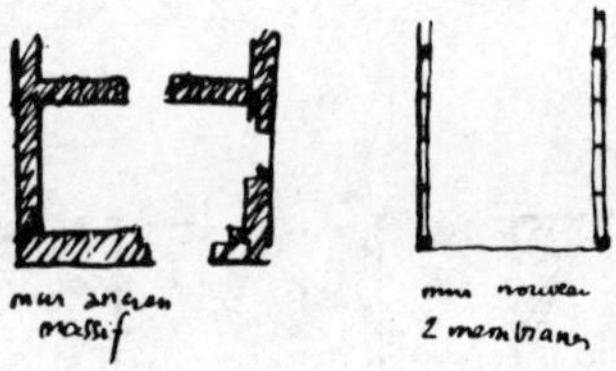

图 9

借助现代建筑材料，仅用薄薄一层墙砖或者随便什么能构成隔板的产品就能造出一堵墙来，再在外墙里面砌上第二层墙壁；过去的承重结构现在却变成了一道如此简单的填充设施：再说得玄点儿，我甚至可以轻而易举而且安然无恙地用纸来造出墙壁：建筑物的牢固程度绝不会因此而受到丝毫损害。

这就是建筑学中的一件新生事物；我再也不用诉诸墙壁的厚重与墙体的宽大了，尽管这种厚重和宽大本身就承载着一种公认的审美体系。

现代技术还引导我们得出了更多的结论。从前，倾斜的屋顶曾是排掉雨水的惟一手段。不过，从 19 世纪末起，硅酸盐水泥就催生了露台式的平面屋顶，而且保证不漏水。

我知道，一旦作出这样的保证，我就会引起人们的质疑，但我依然对此坚信不疑。如果说，有为数众多的建设者都曾错失露台式屋顶，那是因为他们对此知之甚少，错把古老原则与新式方法混为一谈。

从前，房顶都是由木质构架搭成的，雨水是顺着檐槽流下来的：那时的人们没有别的办法。可今天，只要一层钢筋混凝土就可以把雨水排净，还不是从室外，而是从室内排出；所以必须建造这样一种四周有边的露台屋顶。

这是一种至关重要的完美设计。为了在海拔 1000m 的艰苦环境中造一所房子，而且还要禁得起强烈的降雪，我就不能不研究自然现象的连锁反应，并注意到了技术创新会产生多么显著并且出人意料的后续效果。

上汝拉地区①的房屋全都配有彩釉火炉，以为各层房间舒缓地供暖：如果不巧采用的是中央供暖设备，热气就会散布到整幢建筑里，一直上到屋顶；而堆积在屋顶的雪层，其最下面是与房瓦挨在一起的，它就会融化，雪水就会在雪层下面沿着瓦片流动。

不过，在墙壁与房顶下部的垂直相交处，热效应会戛然止步（你们可以想一想，寒冷天气的气温有时会低到零下 18℃）；顺着瓦片或石板流下的雪水很快就会冻成钟乳石状冰柱，悬挂在檐槽上并带着檐槽一起脱落。

而且采用中央供暖还会带来更加严重的后果，我自己就曾在同样海拔上修建拥有 1200 个座位的大型电影院时深受其害。我想我的这种经历应该算是一种典型经历，一种名副其实的实验性经验，因为很少有像这样诸多条件全部具备的情况出现。我造的电影院跨度很大，有一天，屋顶瓦片上覆盖的积雪超过了半米厚。中央供暖把室内的热气团推到了顶棚上。午夜时分，供暖设备的热气与电影院里 1200 名观众呼出的热气形成了叠加效应。我那可怜的屋顶就像半夜烧开的大蒸锅一样雾气腾腾：蒸汽直冲九天云霄！在雪层与瓦片之间，数千公升的雪水开始顺流而下。

但是在外墙与屋顶的直角相交处，热气效应终止了。当时的室外温度是零下 20℃！在雪层下面，雪水把瓦片浸了个透湿；而瓦片也把干雪溶成了雪水。伸到围墙外面的檐沟挂满了冰柱；在冰柱上方，也就是悬空的屋檐上，一直到与内墙的垂直相交处，瓦片、雪水和积雪的合力把冰层压了个结结实实。形成了一堵冰墙。形成了令巨大屋顶上的流水无法逾越的一道凸起边缘：数千公升的雪水顺着这个大容器内的规定路线，在第一溜瓦片下面就找到了出路，浩浩荡荡流进了电影院！大水顺墙而下，流入室内。

这次典型经历让我得出的结论就是：房顶应该凹下去而不是凸起来；

---

① LE HAUT JURA，位于法国东部汝拉山区。——译者注

应该让积水从排水管里面流走，而排水管则应该同样享受到房屋的热效应，这样才不会让流水结冰。就让积雪堆在屋顶露台上吧，还能形成一层绝佳的保暖层呢。

如果说这是最严峻气候下惟一的解决办法，那么我们就有把握认为这种解决办法是一种适用于任何情况的典型性解决办法。从房屋具备中央供暖条件的那一刻起，就应该把暴露在恶劣气候下的房顶做成凹形，以便让积水从内部排走。

到这个时候，你们再试想一下建筑学的审美效应，想想在一个国家的所有地区全部改由露台取代传统房顶，那会是什么样的景象？

大约 15 年前，德国成立了一个专门推广露台式房顶的团体：从审美角度出发，他们觉得这种露台式房顶是那么美不胜收。可惜他们没有考虑到这个问题更有意义的一面，没有从技术上找到满足人类精神享受的依据，一种能让我们问心无愧、胜券在握的依据：如果有了这样一种理直气壮地安定和慰藉人类精神的技术依据，我们就有理由认可几何学和垂直体的美学意义，因为从此以后，我们就可以借助有关露台式屋顶的各种关键技术条件去感受、甚至去争取这样的美学意义了。

其实，当我说到传统房顶和墙壁都将不复存在、而且这些要素将深深影响到我们的审美观念时，我就踏上了一条寻找全新审美观念的道路。

要想自圆其说，这种审美观念还需要依附于一些十分坚实的基础之上：那么，有哪些要素可以成为这样的基础呢？

感觉生理学为我们提供了一个不无裨益的出发点。

这种感觉生理学就是我们的意识对视觉现象的反应。我的双眼向我的意识传递着映入其中的景象。看到我在黑板上画的这些线，就会产生不同的感觉：看到一条断开或者连贯的线，我们自己的心情就会受到影响；我们就会因所见线条的不同而产生不舒服或者很舒服的感觉。

然后我们再追寻一下这些生理感觉给我们的感受所带来的反应；我们自己就作出了分辨：这条断开的线是令人痛苦的；那条连着的是令人喜悦的；这组不协调的线让我们不安；另外那组有节奏的线让我们感到匀称，而且你们立刻就会发现，一旦作出选择，就会产生偏好，你们一定听说过，那些艺术家们总是会画出或者选中让我们的感官得到满足的线条和形状。

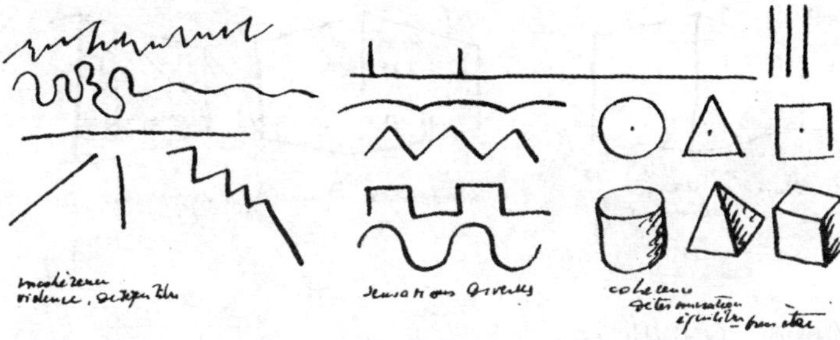

图 10

说到让我们感官得到满足的线条和形状，我们再一次验证了几何学的强大力量。

其结果就是纯粹几何形状的普遍应用；这些形状会对我们构成强烈的吸引，理由有二：首先，它们会明显地作用于我们的感知系统；其次，从对我们心灵的影响看，它们本身就蕴含着完美。所有这些形状、这些被我们称之为完美的形状都产生于几何学，而且，每当我们发现一种完美形状时，我们都会体验到一种巨大的满足。要知道我们正处在这样一个时代，由于机械论的出现，我们第一次得与这些纯粹的几何形状共生共存。

我想请你们考量一下如何细分建筑作品的组成部分，以及建筑学的几何现象又是如何达到如此的精细程度的。

我说过技术具有先决性并且是一切事物的先决条件，还说过它会带给我们绝对完美的造型效果，有时还会引发审美观念的根本转变：然后就是如何解决整体性的问题，它是打开和谐与比例大门的钥匙。

匀称的轮廓线有助于解决整体性的问题。

据说，看到爪子，就会联想到狮子；换句话讲，一只狮子有着特定的带有和谐美的生理结构。必须让建筑作品具备同样的和谐品质，做到窥一爪而见全狮。

建筑学的感动成分又有哪些呢？那就是眼中所见。而我们眼中所见的究竟是什么呢？是面、是形、是线。所以就要在建筑作品中一网打尽地创造出所有决定性的感情要素，也就是令人振奋的形状，这些形状构成并活跃着这些感情要素，在彼此之间建立起各种可以量化的比例关系，让我们感同身受。

严格地说，这就是建筑学的创造力：比率、节奏、比例、感情条件、

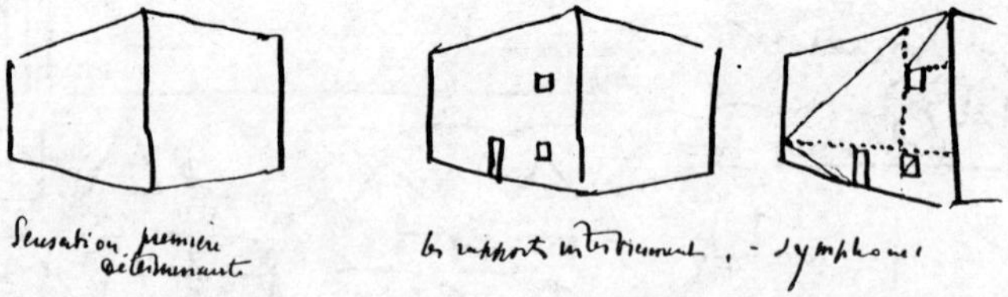

图 11

动人的机体。有才华足矣。

建筑学上的感动大厦就是这样建立的：首先是这座大厦的整个体积会深刻而且彻底地打动你：这是最为强烈的第一感觉。推开一扇窗，打开一扇门：立刻，空间与空间的各种比率就这样先入为主地映入眼帘；建筑本就含有数学关系。行了，这就是建筑学。剩下的事就是为作品润色，赋予其最为完美的整体性，把作品调整到位，修正各种不同要素：这时，匀称的轮廓线就开始发挥作用了。

匀称的轮廓线曾经在历史上的几个鼎盛时期被广为采用，至少许多十分优秀的艺术史学家是这么说的；我看到的资料也是如此，特别是在施瓦希出色的建筑史料中：此人恰到好处的描述唤醒了我们对整体性的兴趣。

匀称的轮廓线在最近这一时期归于消沉：我们需要重新掌握这一如此实用的手段，看看通过何种渠道可以得到匀称的轮廓线。

有一天，我写了一章关于匀称轮廓线的内容：一年后，我收到了一位阿姆斯特丹同仁的来信，这是一位高人，他以先驱者的姿态为我们留下的是他极其辉煌的职业生涯。他在信中告诉我，毕其一生，他做的都是匀称的轮廓线；他同时还给我寄来了他的书。我在书中找到的轮廓线让我这样的人也禁不住拍案而起。

比如，他画出了一堵两端建有塔楼的外立面；他在所谓匀称轮廓线上标上了一片交叉斜线，他用这组斜线完好地——这并不难做到——覆盖了其建筑作品的所有关键点：这已经不能算是匀称的轮廓线了，这成了十字绣了（A）；要这么说，所有交叉点上的刺绣就都成匀称轮廓线了；真正的匀称轮廓线应该足以将这样一种要素纳入其各种线性特性中，相对于彼此相关的所有片断，这种要素应该让人看到一种可以频繁调动所有建筑要素的数学关系。

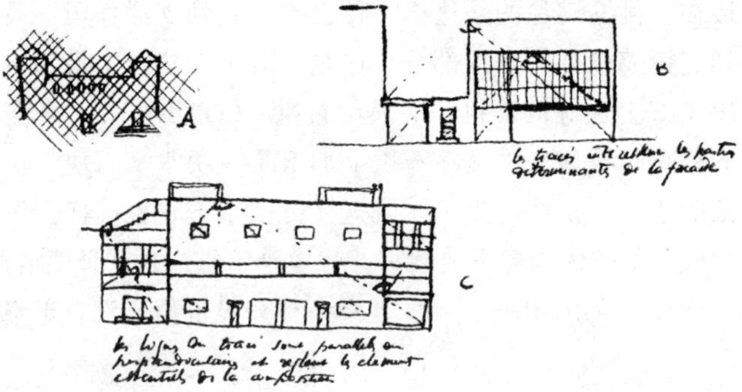

图 12

我会很快地给你们指出其中的1—2个要素，好把这种方法具体化，实际上，这种方法能最大程度地再现真实，既不会只做表面文章，更不会陷入纯理论图示的误区。

（开始在黑板上演示，因缺少图形而无法在此用文字表述。）

你们可以看到我是如何做到用既感性又真实的几何关系把主要因素与次要因素连在一起的。

要想做出匀称的轮廓线，没有什么独一无二的简便方式；说实话，这就看你有没有灵感、有没有真正的创造性了；必须找到在一个平面中占主导地位的几何定律，可以对这个平面起到支配和决定作用；到一定时候，它就会显灵，把整个平面统一起来；再调整一下位置、作出一些修正，一种完美的和谐就会最终充斥整个平面。

让我最后再跟你们说说现代建筑的一种行列特征。我要说的是挑檐（CORNICHE），眼下，它提出了一个非常严重的问题，这个问题又引发了各种对立情绪。

假如没有墙壁、没有屋顶，我们就可以形成这样一种近乎大无畏的信念，且后果重大：那就再也不用什么挑檐了。没有墙壁、没有房顶、没有挑檐，这就是技术演变导致的剧变。这是怎样的审美效果啊，想想吧！

否定挑檐的存在价值，这是对既有经验进行的重大颠覆，而这一点就足够我提出不少申诉，不管是否站得住脚。但从审美的角度看，如果接受取消挑檐的事实，惟一最终引起我兴趣的，就是它会为编写一部新建筑法典提供重要依据。

最初，挑檐满足的是这样一种设想：起到支撑作用。最早的挑檐就是伸到支撑墙以外的房顶部分，这是所有早期建筑中最基本的原则；后来，出于好上加好的动机，又换用石拱（CORBOLET）来支撑那些呈凸出状的横梁；再后来，又在石拱上加上了一块水平石块，在石块上再码上屋顶的椽子：挑檐诞生了。就这样诞生了。它也一样会发展壮大，并最终变成建筑整体中的重要器官：就像是脑袋；是一种感情器官。挑檐，就像"秩序"（ORDRES）一样具有一种公设价值。没有正当理由休想取而代之！

突然出现了一种废除屋顶的新方法：于是保留挑檐就成了一种悖论；它再也无法从某位明智的建筑师和某位施工者的笔下流出。

但，据说，挑檐可以保护外立面。可它毕竟是一种造价不菲的部件，而我们又不幸或万幸地生于一个不得不寻找最经济方案的年代。哲学地说，经济就是一种更高的奢望。况且挑檐也不再具有存在的理由，因为只要用水泥在屋顶四周做出一圈尖棱就够了，就像一个水槽的边，把雨水挡在房顶中央，让它流进排水管口。而且，除非出现新的观点，我始终否认所谓挑檐可以为墙壁提供保护的那种说法的有效性：雨滴掉下来的时候或多或少有些倾斜；在一幢 200m 高的摩天大楼上，一个只能遮住 2—3m 外立面的挑檐能起多大作用？而在一所只有两层高的小楼上也弄出个挑檐又能有多大意义？[2]

现在废除挑檐，就会营造出一种显著而真切的革命性审美效果。废除挑檐并对废除理由作出合理解释、造出精品而不是因做出蹩脚建筑蒙受损失，此举表现的就是现代建筑学中最为典型的经验之一。于是我们就在审美范畴中得出了一个结论，那就是简单的外表。

简单是追求经济的结果，我要对经济这个词给予最高度的评价，因为它有着最为美好的意义。伟大的艺术都是简单的；伟大的事物也都是简单的。

但永远不要忘记——这是我最后要说的——如果说简单意味着伟大和崇高，那是因为，从本质上说，它是对复杂、丰富、繁琐的高度概括。是一种浓缩。看到我们为简单的方法而倾倒真让人心酸，如果这种简单只停留在方法上。而这基本上就是让我们感到担心的现状。

我们到处都能看到简单，人们欣喜若狂地说：真简单！如果这种简单性是来自一种巨大的繁琐和丰富，那都好说；但如果就是一种以上述新形式出现的贫乏、就像当年表现为复杂装饰的形式，那就是白费，毫无进步可言。

相反，我但愿这种简单性表现为多种思想与手段的集中和结晶。

如此一来，匀称轮廓线的建立、挑檐和房顶的废除便导致了简单性的出现；但这种简单性要求的却是高度的建筑精确性，以及明确的意图和绝对严谨的推理；它尤其需要考虑比例、考虑数学比率，它力求激发一种对数学秩序的享受，我在这次漫谈开始时就曾试图说明，这种享受是当今我们精神表达方式中最为正当的憧憬之一。

有鉴于此，我相信，明年开幕的装饰艺术展将给所谓的“装饰艺术”带来巨大的冲击。我们并非处在一个有能力消化装饰艺术的时代；装饰艺术只是昔日留下的古老残余，面对我们精神境界如此彻底的更新，它已经失去了苟存的理由。很快我们就会对无趣且无聊的装饰失去热情，我们面对的惟一能引诱我们的问题，就是纯净、是聚繁为简、是简明的事物，这个问题我们不太可能避免，也可以说很难回避，但这可是由我们的精神状态创造出来的，就是机械论把我们带进这种精神状态及其必然结果的；这种时代性的精神状态对我们提出的要求就是集中、自制。这样一种富于几何和数学秩序的精神将成为建筑学命运的主宰。就像绘画无论如何变化终将走向这样的命运一样，精于比率的建筑学本身也终将成为纯粹几何学的沃土。

说到这里，我要说城市规划是个好东西，没有它，建筑就失去了意义，它是当代建筑惟一的存在理由，城市规划猛叩时代大门，以它的强劲和现代事物特有的快捷惊醒了所有人的麻木，城市规划，要我说，将以富于几何美的轮廓线为我们带来全新的城市，而且城里城外平分秋色。城市规划追求的是城市的扩建，而不是在新的和陌生的国家建立新的城区：它生来就适用于现有城市的现有状态。我们将会获得城市的新轮廓：无论是巴黎、伦敦、柏林、莫斯科还是罗马，这些首都城市都将会在现今所在地产生翻天覆地的变化，不管要付出怎样的代价，也不管由此带来的动荡有多么彻底。而这里，我再说一遍，惟一可能具有指导意义的就是几何精神。（掌声响起）

作为这次漫谈的结束，我要为你们再放一些照片，来具体说明我刚刚表达的思想。

注：

1. 此次演讲系即兴发挥并经速记记录。

[东方之星（L'ETOILE D'ORIENT）是一家世界性集团，该集团笃信新时代曙光将至，且人们的思维形态与社会关系都将发生根本变化。东方之星通过研究有助于构建新精神的一切事物为迎接新时代的到来作好了准备。为此，我被邀请在拉普大厅（SALLE RAPP）重作了我在巴黎大学的演讲。]

2. 但有两种现象需要克服：

a. 普通砂浆的孔隙和污浊现象：连着下上几个小时的雨，雨水就会自上而下地慢慢渗入外立面，形成一道"污迹"（BAVURE），当时看起来很难看，直到第一缕阳光出现后才会逐渐消失。那干嘛还非要死守仿石材砂浆而不接受根本就不会产生这种孔隙现象的发光涂料呢？

b. 在屋顶周围的尖缘上可能会产生一种有利于外立面垂直平面的虹吸效应。后来我们研制了一种铁质拉丝边缘，形成了清晰明快的空中屋顶轮廓，从而实现了辅助虹吸现象。

欧特伊的两座公馆

欧特伊[1]的两座公馆

勒·柯布西耶与皮埃尔·让纳雷

① AUTEUIL，巴黎西部街区。——译者注

欧特伊的两座公馆

L·R·先生的公馆（吊脚房屋下面有花园，屋顶上也有花园）

花园的围栅

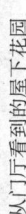

从门厅看到的屋下花园

门厅

门厅楼梯

夹层；楼上为图书室

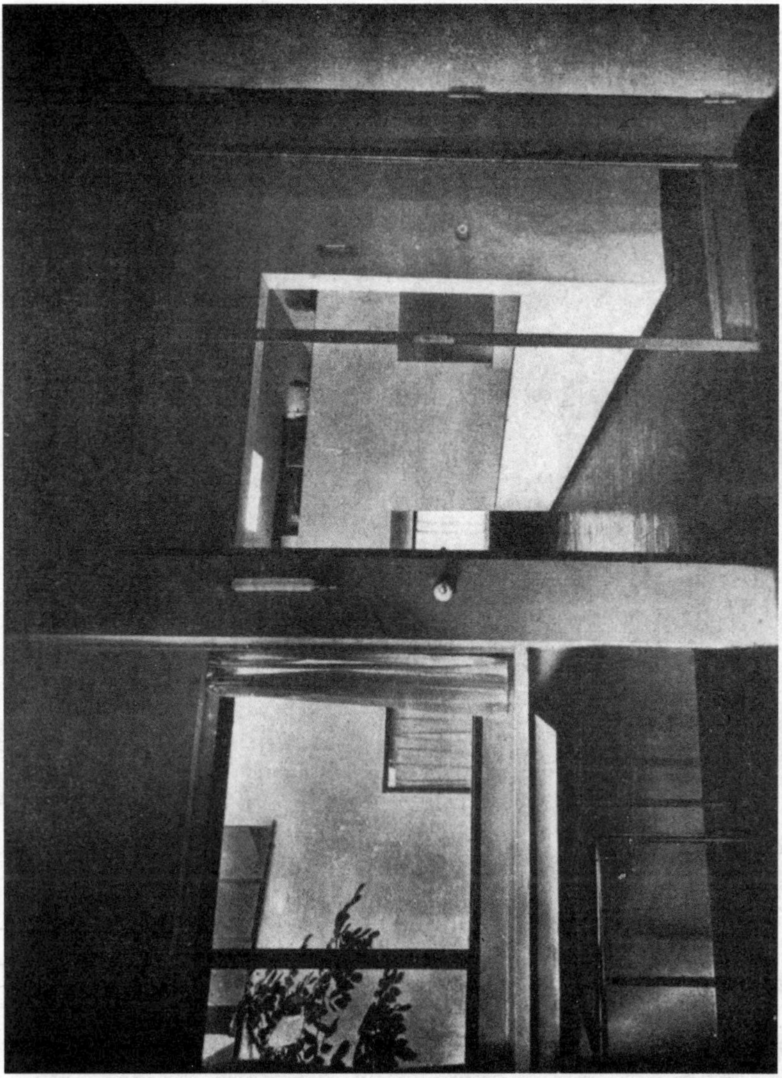

餐厅以外所见；看到尽头，楼上就是图书室

从图书室到客厅

照片由卡拉瓦斯（CALAVAS）出版社提供

从客厅内可看到屋顶上的花园

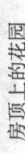

A.J.夫人的公馆 房顶上的花园

房顶上的花园

从花园可直接下到客厅

照片由卡拉瓦斯出版社提供

1910 年，旅行见闻

君士坦丁堡（续）

清真寺

必须找到一处面向“麦加”（MECQUE）的清静之地。这块地方还要足够宽敞，以便让心灵感到舒畅；地势要足够高，以便让祈祷上达天庭。要有足够广阔的光照区域，以便不留任何阴影部分，而且从整体上还要足够简洁；各种造型无不张扬出磅礴大气。占地面积应该大于普通广场，不是用来供人群聚集，而是要让三三两两前来祈祷的人在这个庞大建筑中感受

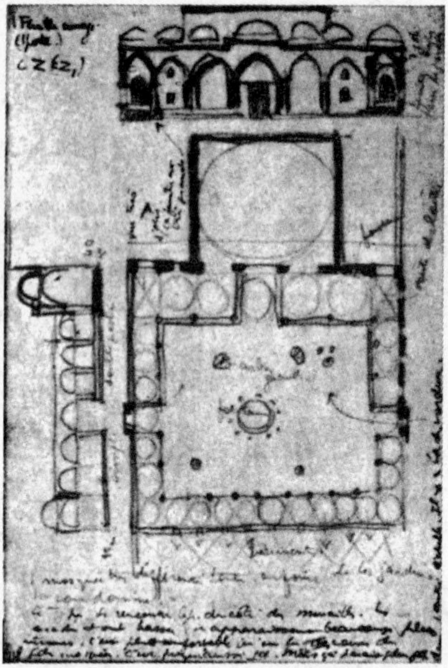

愉悦并心生恭敬。这里的一切一览无余：迈步走入，首先看到的便是饰有永远崭新的金色席纹图案的巨大方庭；没有家具，没有座椅，只有几张矮桌，上面放着供来人跪拜的古兰经；一瞥之下，方庭四隅尽收眼底、清晰可见，宽庭大院的高墙上开有几扇小窗，四面的平顶搁栅（DOUBLEAU）越窗而

上，汇入四围穹隅（PENDENTIF）；随即看到的便是闪烁在穹顶上的由数千个小窗组成的晶亮冠冕。顺势上眺，便是不可名状的宽大空间；因为冠冕上方的半球似真似幻，为目力所不能及。无数条细线从最高处垂直而下；几乎直达地面，细线的条饰上拴着一盏盏小油灯，构成了一串串向心旋转

的晶莹顶饰，在夜拜的信徒头顶闪闪发光：在巨大空间的无边黑暗中，一眼看不到头的密集细线成串成束地直上穹顶，一直穿过因夜色而黯淡的由无数小窗构成的饰环。米哈拉布[①]面向入口，它只是一扇通向克尔白[②]之门。既无突出之处，亦无实体部分。

为表示庄重，所有这一切都被刷以灼目的白灰浆。各种造型清晰明朗；无可挑剔的构造展示了大胆的独创性。某处高启的精美陶瓷基座不时会闪动出一片蓝色光芒——土耳其的年轻一代深以父辈的简单风格为耻，因此，除了位于布尔萨[③]的那座曾拯救过洛蒂[④]的清真寺外，所有的清真寺都遭到了丑陋的、讨厌的、令人反感的涂抹蹂躏。我说过，如果当真对这些清真寺依旧珍爱，那就要经历一番埋头苦干，要发自内心地去珍爱……

① LE MIRHAB，阿拉伯语音译，意为“凹壁”、“窑殿”，西方译为“壁龛”，是设于清真寺礼拜殿后墙正中处的小拱门。——译者注

② LA KAABA，亦称卡巴天房、天房等，是一座立方体的建筑物，位于伊斯兰教圣城麦加的禁寺内，伊斯兰传统认为克尔白是天堂建筑“天使崇拜真主之处”在地上的翻版，而克尔白的位置就直接在此天堂建筑之下。——译者注

③ BROUSSE，土耳其第四大城市位于土耳其西北部。——译者注

④ LOTI，1850—1923 年，法国小说家。——译者注

如此圣殿的前面应该建有一个铺满大理石的院子，并以柱廊环绕；在“古绿石”（VERT ANTIQUE）和斑岩（PORPHYRE）石柱上，再搭上些带有小拱顶（COUPOLE）的尖顶拱（ARC BRISE）。在这个方形柱廊下部再开出三道门，一道朝北，另一道朝南，再一道朝西。院子中央修建清水寺，用于礼拜前的净身，寺顶呈美妙的亭形，寺内安20—40支水龙头，龙头下面铺上大理石板，石板上面则是巨大的、一人多高的圆柱形承水筒。

围在高大院墙外面的便是威严的琢边棱柱长廊；三道大门便开在这里，上面装饰垂落的钟乳石。这道棱柱长廊与整座清真寺形成整体，就像伟大的斯芬克斯趁夜悬在斯坦布尔[①]头顶的巨爪。然后还要有一个寺前广场，就是一块清静的石面空地，再栽上几株柏树。几条石板路一直通到寺门以及百年梧桐下覆满野草的墓地；这块墓地隔着清真寺与院子形成前后对称。

① STAMBOUL，土耳其城市伊斯坦布尔的旧称。——译者注

一堵石砌墙壁，开着上千个铁栅小窗，墙外是一条条紧邻“商队驿站”（HANS）的马路。房屋般高大的壮观大门，开向寺前广场上的石板路。

商队驿站遍布四周，构成了严谨的四方形。在驿站的露台式房顶上，排列着各式铅质小穹顶。它们与它们所依附的清真寺对应着、对望着、对称着。这其中既有为爬满鲜花与葡萄藤的连拱廊（ARCADES）所荫蔽的伊玛目[①]学校，也有伴着淙淙泉水而建的重叠双柱廊商队客店。

广场两翼，还要配上高高的尖塔，以便让远处的人们听到穆安津[②]按太阳规定的时辰尖声通报祷告时间的歌唱。高高的塔尖之上不时传下震耳的声音。声音传遍全城围寺而建的每一所木房子。雪白的清真寺在其堪称石城的巨大砖石结构之上生长出一个个浑圆的穹顶。

基础几何学规范着整座建筑群：方城、立壁、圆顶。平望过去，那就是一个只有一条中心线的长方形复合体。穆斯林世界散布各地的所有清真寺的中心线都朝向那块黑石头克尔白，它们都是全体伊斯兰教徒信念一致的伟大象征。

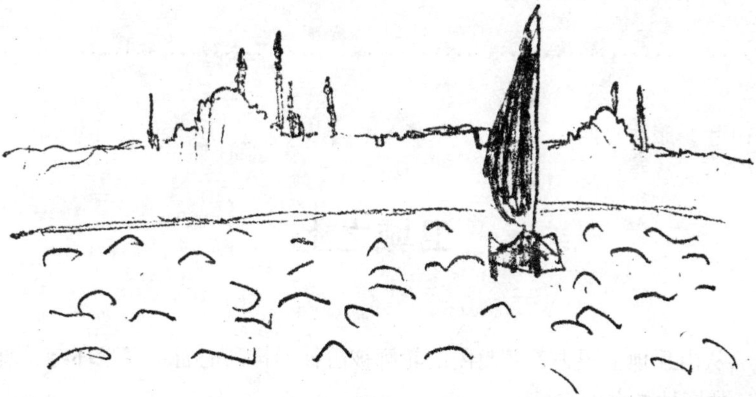

① IMAN，伊斯兰教教长。——译者注
② MUEZZIN，在清真寺塔尖上报祈祷时间者，原意为“宣告者”。——译者注

照片由布瓦索纳斯[1]提供　　帕提农神庙

1910年，旅行见闻

卫城之上

从山丘顶上望去，其封闭的轮廓被阶梯形排列的庙宇紧紧环绕，疏密不一的圆柱指向天空。

在通往帕提农神庙的斜坡路上，岩石雕成的最外围阶梯列成了一道屏障。更有巨大的大理石台阶凸悬其上，阻挡着任何攀缘而入的企图。教士

① BOISSONAS，1858—1946年，瑞士摄影师。——译者注

们从对面的大门下走出神殿，玩味着前后左右群山环抱的感觉；他们极目远眺的视线穿过卫城的山门看向大海，看向临海的远山。

在神庙所栖居的海湾最深处，庙宇的中轴线正对着海湾的中轴线。黄昏的夕阳喷洒着夏日的炎热，描画着东升西落的轨迹；到了晚上，则变成一轮圆盘，沿着庙宇的中轴线落向地平线。

石阶围成的冠冕勾画出悬崖的边际，以稳健的姿态打消了人们对生活的所有顾虑。卫城悬崖孤立而起，别无依靠，虽立于山脚之下，却与山脉并不相连。时光飞逝，于振聋发聩中倏然远去，不再复返。游离于史实之外的这一切有着触手可及的美丽，此庙、此海、此山，以及群贤毕至的此石此水，其今天的面貌绝非朝夕之功，而是造物主经年累月的幻化。

何等的美景？！

对物象的感受，就是激荡于胸腔之中的一股深深热流。兴奋驱使你登临裸露的山石，那是古老石路仅存的硕果，将你抛入发现的喜悦：从密涅瓦神庙①到伊瑞克提翁神庙②，再到卫城的山门。站在山门柱廊之下，你会看到，在巍峨的建筑群中，帕提农神庙的水平额枋（ARCHITRAVE）以冷峻的姿态涌入眼帘，与四周的审慎形成鲜明对比，凛然而立、雄伟挺拔、光照千秋。

庙门之上的中楣依然健在，目睹着从古至今的骑手如何矫捷地穿门而入。睁着近视的双眼，我终于看到了这一切，在我勉强可见的最高处，我看到了中楣上的凸饰与支撑它的墙壁吻合得是何等的天衣无缝。

在一致法则的统领下，八根立柱昂然屹立，从一个基座到另一个基座，它们似乎浑然天成，不仅毫无人工痕迹，而且还同时让人感到，它们是从极深的地下拔地而起的；在棱纹装饰的外表下，它们以刚猛的突兀姿态上升到肉眼难以企及的高度，只有顶板上平滑的中楣腰线依稀可见。在滴水石（LARMIER）圆锥饰（GOUTTE）的铆合下，种类繁多而又朴素无华的柱间排挡（METOPE）与三角槽排挡（TRIGLYPHE）装饰引领人们的目光从庙宇的左角一直巡视到最远端与之相对的那根三角楣（FRONTON）立柱，这根从下到上全部精雕细刻的大理石棱柱以其笔直的数学线性和力学专家

① LE TEMPLE DE MINERVE，位于古罗马埃斯奎利诺（L'ESQUILIN）山上的医药女神庙。——译者注

② LE TEMPLE ERECHTEE，位于雅典卫城帕提农神庙以北的爱奥尼柱式（ORDRE IONIQUE）神庙。——译者注

帕提农神庙

照片由布瓦索纳斯提供

鬼斧神工的纯净美感让这目光深深震慑于其整体的宏大。而最西端的三角楣则以其三角的尖端标示出了整个空间的中心位置，而且——与山峰、海洋、太阳联手——确立了其面饰的刚性及其具有行为意义的指向性。

我曾以为，不妨将此块大理石比作崭新的青铜，希望在其现有颜色之外，还可以以青铜一词让人联想到这块巍然耸立的巨石那种夺人耳目的驳杂。

面对如此醒目的遗迹，在心灵的震撼与精神的考量之间，隔绝感性与理性的沟壑正在越挖越深。

修整破旧的庙宇 （卫城博物馆）

在这个有如雷神朱庇特般威严的神庙默许下，离此地一百步远，微笑着一座建在平滑石墙基座上和大理石雕花中的、肉体鲜活的、绽放着四张欢颜的快乐庙宇——那就是伊瑞克提翁神庙。

爱奥尼柱就是它的存在方式，——波斯波利斯[①]式额枋。有人说它曾经镶满了黄金、宝石、象牙和乌木；喜欢以黄色装点庙宇的亚洲人对此惊羡不已，利用其笑脸相迎的和善将纷乱凌驾于这块已臻完美之地。但是，

① PERSEPOLI，伊朗古城，曾是波斯帝国的首都。——译者注

感谢上帝，时间总有它的道理；我站在山丘上向神殿致意，这里最终又恢复了以往的单一色彩。

让我们面向帕提农神庙，赞美那六位衣袂少女的挺拔身姿吧，她们托顶着巨大的石柱顶盘，那上面显示的是有史以来第一次出现在阿提卡半岛①上的齿饰（DENTICULE）。哦，可少女们却奇怪地严厉着、沉思然而又微笑着，僵直然而又战栗着——或许，此处的她们正以非凡的博大和非凡的气度，展现着无尽的仁慈。

伊瑞克提翁神庙的柱廊

就这样，绽放着四张欢颜的快乐庙宇向天空的每个角落都献上了一份不同的厚礼。柱顶盘上的中楣环绕着它，上面点缀着杂以棕叶饰的水百合花饰和多叶花饰等超自然装饰元素。而在额枋腰线上，人工砌成的孔洞依然清晰可见，证明胜利女神们曾舞姿翩翩地从此处飞越而过；这一点我们心里都清楚。

不过，在它朝北的那一面，也就是笔直伸出山丘一大块并被竖直的、

① ATTIQUE，希腊雅典所在的半岛。——译者注

杂有古代石柱中的鼓形石块（TAMBOUR）的、为比雷埃夫斯[1]石头墙所环绕的那部分，我从这个四柱式柱廊中一点也看不出悲情的表白，它是那么纤细，而且包裹着它的柱顶盘又是如此平滑而清澈，只会让人想到纯净水晶中的一汪清水……

但我更喜欢静静地待在这里，在新堆起的石块庇护下，逡巡于遍地都是的遗迹残骸中——驻足卫城山门——解读帕提农神庙。

这一天、这几周就是在这样的美梦与噩梦中度过的——始于清朗的早晨，续于醉人的中午，直到晚上，守卫者尖利的哨音突然把我们从梦中惊醒，把我们驱回到开有三道大门并在傍晚的地面上投下地毯般暗影的高墙之外。

*
* *

……………………………………………………………………

我们这些搞建筑的局外人最好也能明白并好好想想这一点：

卫城的庙宇至今已历经2500年。近15个世纪以来就没有得到过修缮。其间，不仅有裹挟着龙卷风频繁光顾的暴风骤雨，而且，还有更要命的地震，以及天灾之外的人祸——那些穴居野人肯定会惊讶于其如此巨大的意外收获——他们占据了这里的山丘。并掠走了他们想要的一切，有大理石板还有巨块石材，然后又用柴泥和碎石子胡乱建了些小儿科的茅屋。土耳其人因此获得了一笔巨大财富。再没有比这再合适的劫掠对象了！1687年的一天，帕提农神庙被充作了军火库。激战中，一颗炮弹炸开了屋顶，点燃了火药。于是，一切都灰飞烟灭了……

帕提农神庙就这样被糟蹋了、撕裂了，但并没有轰然倒塌，理由如下：

你可以试着在饰有凹槽的、由20层石材建成的石柱上找一找，看有没有鼓形柱段后续的接头：找不到，用肉眼根本就看不出来；就是用手指顺着每块大理石被锈渍侵蚀的部分、沿着被搬到潘德里克山[2]的大理石柱留下的底座去摸也是什么都摸不出来。严格地说，接头根本就不存在，而凹槽边上硌手的尖棱就像与生俱来生成于一块独石上一般继续着它的沉默！

---

① PIREE，雅典的主要港口。——译者注

② LE MONT PENTELIQUE，位于雅典东北部的阿提卡半岛上，高1109m。——译者注

还是匍匐到卫城山门的一段柱身前，感受它的原生态吧。你身下就是石板路面，平展得无可挑剔。石板是大块的石板、大理石也是整块的大理石，但却被铺到了人为造出的地面上，形成了厚重的路基，说得好听点：形成了坚强的支撑。门柱底座上的24个齿形凹槽花饰依然保留着原样，令你赞叹不已，庆幸终于得见。四周被凿低成扣盆形的石板，其凹边大概已经有两三千年历史了。这一完成了至少两千年的施工痕迹至今仍显而易见，新鲜和清晰得就像雕刻师昨天才拿开他的凿子、撤走参与雕制大理石的施工大军似的。

在围墙上的三道大门中，中间那道开得更大，为的是让参加雅典娜女神节的马车从这里经过，这堵围墙由上千块大理石方砌成，墙面齐整得让人忍不住想去抚摸；大张开五指的手恨不得伸进这堵奇迹墙壁里面：墙面平得就像镜子，但每块石方带给人的却是不平的思绪……

哦，还是让我们不要再细究这些被大爆炸抛出的残留物了吧！就像我一样，你也会因如此无与伦比的艺术的覆灭而备受折磨，内疚让我们不安、让我们反思……唉，反思我们这些20世纪的局外人该做的事情。

在帕提农神庙左侧，横卧着整根的石柱，就像一个被打倒在地的人，浑身上下满是灰尘。这就是被分了身的鼓形柱段，这就是断裂链条中的缺失环节。我们想像不到这些石柱曾经的辉煌；更不会意识到菲迪亚斯[①]曾赋予它们怎样的伟岸，除非能够亲眼得见。光它们的直径就超过了

① PHIDIAS，约公元前490—前431年，希腊雅典建筑师、雕刻家、卫城艺术大师。——译者注

一个人的身高——它就以这样的巨幅身量出现在一座卫城，以超越一切的身量出现在荒无一物的风景之中。无法设想中部欧洲地区的那几根病秧子石棍能做出这样的直径，那不过是维尼奥拉[①]杂交出来的野孩子！

额枋的每一段都整齐划一，具有十足的韧性，作为载体把柱顶盘的全部重量加诸于柱身，在额枋之下，略为凸起的馒形线与三条圆箍线一一相连，圆箍线的整个宽度只相当于一根拇指的长度。每一条圆箍线——请你站在地上从下往上看着那个柱头——在柱头的棱面和腰部上的高度标注都精确到了毫米，只是这数字不易觉察地受到了岁月的侵蚀。在劫后余生的石柱上做出如此不可思议的标注——十分有用的物证——让人在柱顶盘上楣的阴影中看到它们时深以为美，并进而联想到它们无可替代的作用。

一根石柱

借着卫城透出的灯光，我们经历了漫长的辛勤时刻。也在令人伤心的疑惑中经历了危难和挑战的时刻，疑惑我们的努力是否算得上努力，疑惑我们的艺术是否算得上艺术。因为这疑惑最终得到了证实，被岁月湮没的

---

① VIGNOLE，1507—1573年，意大利建筑师。——译者注

古希腊文化恰恰就蕴藏在这些被标注的物件里，而伊克提诺斯[1]、卡利特瑞特[2]、菲迪亚斯等名字便是与圆箍线上的馒形线连在一起的，就像与神庙至高无上的数学造诣连在一起一样。

这些实践着建筑艺术的大师也曾在职业生涯的某一时刻，面对这个为死板材料赋予鲜活形态的任务，头脑一片空白，心灵为疑虑所困扰，在遗迹中发出忧郁的自言自语——与沉默石头的冰冷对话。肩头上压着沉重的预感，经常，当我离开卫城时，我都不敢设想我有一天也会投入这样的工作。

在西方！

我对所有那些意大利的东西都感到十分不安。我曾过了四个月了不起的简单生活：大海，还有等边的石头山——土耳其及其清真寺、木房子和

圣天使城堡[3]上演的意大利喜剧，1910 年

① ICTINOS，公元前 5 世纪的希腊建筑师、帕提农神庙的设计者。——译者注
② CALLITRATES，公元前 5 世纪的希腊建筑师、帕提农神庙的设计者。——译者注
③ Castel Saint-Ange，始建于公元 135 年的古罗马城堡。——译者注

墓地；圣山[1]及其围绕惟一的、一成不变的拜占庭教堂所建的封闭如监狱的修女院；希腊及其庙宇和茅屋：庙宇就是永远的石柱和柱顶盘；除此，地面上便空无一物。因此，老百姓多在小镇上聚居生活也就不足为奇了。出门在外也就不会误入任何歧途了。

在布林迪西[2]，我看到了各种各样的建筑风格、各式各样的房屋，以及各种各样的树木、花卉、草本植物！山峰全都物有所指，名字全都如雷贯耳。建筑风格十分复杂，集中体现了丑陋、恶俗，令人生厌。教堂内部狰狞至极，所挂油画亦然，那不勒斯人在街道上的喊叫声简直吓人。

一切都与土耳其人相形见绌。后者彬彬有礼、端庄持重；对周围事物心怀敬意。他们的建筑宏大而雄伟。那是多么统一的风格啊！

可为什么到处都在走向堕落呢？诚信倒下去，污秽站起来。哪里还有依然纯洁的艺术？在哪儿？丑恶四处涂炭着自然景观。纯真不见了踪影。我们的"进步"（PROGRES）相当野蛮。我们究竟要沦落到何种丑恶地步？

理论上，一切都在趋向于一种更壮观和更宏伟的统一。真的吗？

连日本人都戴上了单片眼镜；这个弱肉强食的世界漫不经心地搬走了雕塑古老佛像所用的石块。看到今天的那不勒斯，斯塔尔夫人[3]恐怕再不会有想死的念头了。可帕提农死掉了；那是一个游荡许久并最终被击碎的幽灵。

科技进步杀死了菲莱[4]、白酒和黑人，而宗教则给它们美丽的裸体披上了外衣。再也没有什么可以称为"原生态"（ORIGINAL）的东西了。

为什么我们的进步如此丑陋？为什么那些保有纯正血统的人总喜欢把我们想得那么不堪？

我们当真有什么艺术品位吗？那难道不是我们始终梦寐以求的痴心妄想吗？难道我们再也营造不出"和谐"（HARMONIE）了吗？

我们在创作时是应该想到方方面面，还是应该少些杞人忧天、多些坦率务实地只想自己？

人们对我们还能有什么指望吗？

（大学生旅行见闻节选，1910年）

① ATHOS，位于希腊北部，希腊正教教会所在地。——译者注

② BRINDISI，意大利东南部市镇。——译者注

③ MADAME STAEL，1766—1817年，法国浪漫主义女作家。——译者注。

④ PHILAE，埃及尼罗河上的小岛，岛上有许多古埃及神庙，有庙岛之称。——译者注

1925

1925年

装饰艺术展

建筑学

用压缩空气制造混凝土的泰勒[1]制化场面

转 折

1924年10月

发表于《欧洲》[EUROPA，由基彭霍伊尔出版社

（KIEPENHEUER）于波茨坦出版]

刚刚看到新思想的决定性胜利初露端倪，一项新的任务就突然出现在"转折"（TOURNANT）的当口。

"新思想的决定性胜利"（LE TRIOMPHE DECISIF DES IDEES NOUVELLES）：我们的前辈曾以信徒般的信仰为推行创新"原则"（PRINCIPE）而努力奋斗。20年的时光，奉献"无处不在"（PARTOUT）。抵触无处不在。今天，则

① TAYLOR，1856—1915年，美国工程师，通过压榨工人推动工业管理。——译者注

是胜利无处不在：一代人进了坟墓（同时埋葬的还有一个时代）；另一代年轻人成长到了创业之年。无论转折去向何方，反动派都已经死亡或者濒临死亡：一种发自内心的热忱左右了“公众”（PUBLIC，一代顺民），他们只愿相信，实际上是只感觉到，他们登上了新时代的一叶新舟。

建筑学包罗万象。当一个时代（一种集科技、舒适、精神启迪于一体的和谐运动）最终落定、成形、获得认可、得以确立之时，建筑学便得以形成并成为一种环境的表述语言。

为了审美的探索、为了舒适的追求、为了科学与机械的发现，我们刚刚付出了 20 年的时间。

审美也终于形成并被付诸实践；随着经验的积累，争论也渐渐变得明朗。总体上，我们就审美取向、审美意义和审美基础取得了一致。我们知道该向何处去；反思超越了国界，一种思想诞生后，只要 6 天，全世界就都知道了。地区主义葬身地下，真正意义上的世界性启示一统天下并引领我们追寻“实实在在的人性”（VERITABLEMENT HUMAIN）。在经历了最为糟糕的个体主义错乱后，如今，当代思想的奋斗目标近在眼前。相对于已经过去的诸世纪，这将是一项十分庞大的工程。

相对于以前的诸世纪，这将是一项十分庞大的工程，因为这样一种思想是由全新的手段带来的：一种奇妙的技术、一种社会环境的转变（最终表现为个人观念的转变），带给我们一项全新的任务。

经过 200 年的孕育，理性、科学、机械论为建筑学打造好了一应工具，如今，我们万事俱备，正站在建筑学的“全新起点”（TOUT PREMIER DEBUT）上。说实话，我们还无法足够清晰地想像，经历如此转变的建筑学的成就会为我们带来一种彻底陌生的、莫名新颖的形态，一种对历经验证而获得的生活习惯的根本颠覆。

这一新近建筑学的应用范围是摆在我们面前的一个新问题，眼下，数据还在搜集，手段则已然具备。

这个问题突然从房屋和宫殿转到了城市规划。城市规划又提出了在一个国家中的地区（REGION）问题；经济学则提出了专业化生产中心的问题。一项庞大的分类工程就此展开；这个问题最初起始于由企业主组合构成的卫星式小作坊，到最后则被提上了国际会议的议程，其目的就是重新划分世界产能。

城市规划是由以它统领的无数要素构成的。街道、市区、商业中心、花园区、工业区。每种组合都应由完备的、适用的要素来组成。城市规划要的是标准。写字楼的标准、公寓的标准、花园区房屋的标准；而我们什么时候才能拥有以延米计的、能规范地在完全适宜的时机建立工业区的工厂标准呢？

标准，就是批量。而批量则是惟一能带来低价和优质的现代化生产方法。

只是，在所有当代活动中，"建筑物"（BATIMENT）还没有达到批量化。那是因为它还掌握在"建筑师"（ARCHITECTES）手中。而今天，我们正面临转折：没有批量我们将一事无成。

一位同仁问我："你最近忙什么呢？"我回答："忙着找门、找窗户"。这位同仁肯定觉得我特傻，他认为这种统一原则是与建筑学背道而驰的，因为建筑学"形式多样，因人而异"。看，这就是分歧。这也是转机。

只要"工业体系"（INDUSTRIE）一天不应用于建筑物中，我们就会一直在暗夜中摸索：城市规划就会始终处于手工劳动状态，而没有城市规划，社会就会退化。

* * *

总体上，我们就当代审美的取向达成了一致。

那就是以20年经验作出诊断之后的精神振兴。

近20年来的"现代建筑学"（ARCHITECTURE MODERNE）诞生于装饰艺术；今天，它也死于装饰艺术，因为装饰艺术也死了。它死是因为干不成一件"实"（DE VRAI）事；"它被实用物品击碎了。"（IL EST ECRASE PAR L'OBJET UTILE.）

实用物品将构成我们生活的活跃环境与宁静环境，而城市构成的则是我们行为的实用核心。建筑学，就像其他艺术形式一样，是一种只在完全餍足于愚昧与理智之后才能出现的精神享受。

我有心做个火柴盒。可是不行，能做好火柴盒的只有火柴厂的工人，他们拥有专业的材料与机械常识。

我也无法自作主张地去设计椅子；椅子是要由工具加经验来做成的；而我对工具知之甚少，经验则完全没有。

*
* *

我概括一下：

我们在时代风尚中记取了当代建筑学审美取向的意义所在。但要满足完美、精确、最大产出的要求，“我们还做不到”（NOUS SOMMES EMPECHES），因为工业体系还没有应用于“建筑物”。所有的生产要素机制、生产单元（包围我们的生命、回应我们的动作、像仆人一样伺候我们）机制都远没有达到纯粹的标准化；我们甚至还没有开始这项庞大工程。建筑学的生命单元、建筑学的生产要素（门、窗、室内布局—— 一所房子无所不包！）都应该成为我们当下关注的对象。这才是建筑学要做的规划，才是我们要过的难关，对此，审美无法越俎代庖。

*
* *

在我们投身于城市规划的战斗中时，关于城市规划的争论才刚刚开始，我们要充分“准备好我们的单元”（PREPARER LA CELLULE），那将是要乘上无数次的被乘数。

工业体系已经掌握了所有机器。技术问题也有足够多的工程师去操心；原材料也正在人们的努力中趋于完善。

而建筑师的首要任务就是要了解活生生的生活，甘当生活的奴仆，他们务必要投入到对生产要素的寻找当中，从事批量生产的生产要素工业体系终将拥有完善的标准。

到那时，城市规划师将再不会像今天这样面对一无用处且不合时宜的生产单元止步不前，审美主义者也将完全掌握那样一种带有严格对应关系的精确性；这种严格对应关系成就的就是比例……还有帕提农们。

批量建造

1924年3月

[发表于《波图夫—文化》(BYTOWA-KULTURA[①]),
由布尔诺[②]出版社出版]

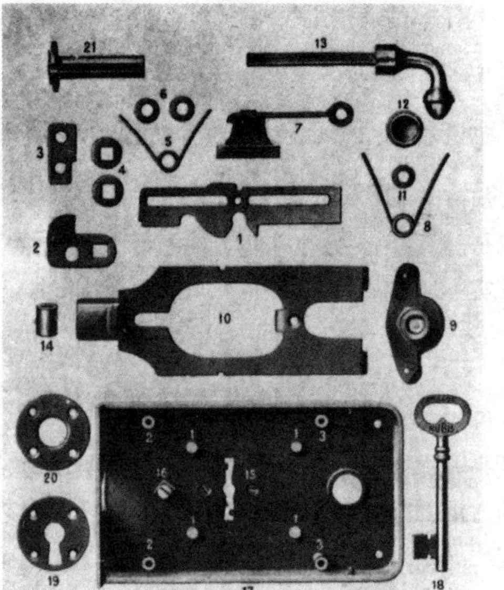

"封丹品牌公司"(FONTAINE ET Cie)的锁具

对大多数人来说,批量建造艺术作品与建筑作品,就是背离艺术、背离正法、背离正道。一件批量生产的物品代表的就是这个机器化世纪催生的一种丑恶现象。艺术团体正在尽最大努力抵制威胁日增的批量化。爱美

① BYTOWA,波兰北部城市。——译者注
② BRNO,捷克市镇。——译者注

之心与完美主义正在竭力煽动对批量物品的抵制。

*
* *

那是一种对“路易十四”（LOUIS XIV）、“文艺复兴”（RENAISSANCE）甚或“哥特式”（GOTHIQUE）风格美的热爱！一种“手工劳动”（TRAVAIL A LA MAIN）式的完美：诸如半圆半方的圆球、扭曲的圆柱体、凹凸的平面！

*
* *

本世纪令人肃然起敬的新生事物，就是一种基于纯净形状与严格操作的美感。机器取代了手工劳动；圆球有着应有的浑圆与平滑，规则而完美；圆柱体的形状绝对规则：机器不会故弄玄虚，它做出的平面无比精确。

*
* *

对，可诗人却被谋杀了！

因为诗人也是俗人，在这个病态世界的痛苦与失败中挥洒着他的愁绪。

这个诗人其实不是被谋杀的，他的死只是由于凡俗时代已经成为过去。

*
* *

不，诗人获得了新生！

因为诗人就是这样一种钟爱完美的人，希望把凡人创造成上帝。他激荡着一股愉悦的力量；这股力量追寻并找到了创造上帝的理由与手段。而手里握着光滑钢球的诗人想到：这不就是我苦苦寻找的上帝存在于世的有力证明嘛。

*
* *

“批量工作需要找到标准。标准把我们引向完美。”（LE TRAVAIL EN SERIE EXIGE LA RECHERCHE DES STANDARDS. LE STANDARS CONDUIT A LA PERFECTION.）

当我们决定打造 10 万件物品时，我们先要对这件物品进行仔细研究。因为它将要满足 100—1000 个需要，那是 100、1000 甚至 10 万个社会个体的需要。如果能够满足这 10 万个社会个体的需要，我们就可以确信，人类的常数得到了满足，我们创造出的就是一个有如人子般的生命。除了深刻满足人类需求，艺术不可能再有其他的存在基础。历经多个世纪的民俗文化究竟是什么，或者说，那种确实普遍作用于所有人类生命并以这种形式表达的、依人类活动范围找准的、且绝对众人合一的感情是什么？当10万个生命基于他们的判断不约而同提出同一个问题时，那就是说，他们已经作出了选择、作出了最为肯定的判断；这就是完美。说穿了，标准就是由选择制造出的产品。

* * *

但与标准相连的还有另外一项永恒的事业和另外一种美的源泉。

当我们确定某项标准时，我们以我们的聪明才智提出的是“前所未有”（ENORME）的解决办法，我们找到的是精确的一个点而不是大概齐。所谓精确点、所谓精确，其实就是美的前提条件。美是由感动关系产生的；只能相应投入精确的数量。而经济学就是美感的基础条件。我指的是最高程度的经济学。

* * *

不过，经济学这个词汇最唐突的意思制约着批量化的生产。当我建造一所单间房屋时，材料用多了、努力过头了、时间过长了都无所谓。乘以10万之后，这些过度就都消弭于无形了。而唐突、物化的经济学，也成了最高意义上的经济学。

* * *

这个世纪让我们满眼看到的是最为多种多样的希望，因为经济学法则就蕴藏在我们的行为之中。因为机器作为一种不可抗拒的必然，以洪水猛兽般的威慑力给我们带来了在纯粹中实现纯粹理念的手段。

人类的心灵纠缠并系挂着昨天的回忆，面对明天的不确定惶恐不安，只能对精神上的猛烈震撼作出滞后的反应。他恐惧、他疑惑。而我们已经通过我们的计算、以我们的机器积聚了众多全新而庞杂的领域，机器以它的猛烈与强力引导并推动着我们，而我们的心灵只来得及在我们身后留下遗憾的一瞥。

不过，新生事物的状态就是这样，不可改变。

我们的工作也将沐浴在蓬勃的新精神状态下！……

*
* *

以“焊管结构”（LA CONSTRUCTION TUBULAIRE SOUDEE）建成的“新精神馆”楼梯

这种新精神状态是一点一点建立起来的。争论引发了当代的巨大危机，这场争论就发生在新生事物与耽于陈旧用途和信仰的精神状态之间。

然而，通过确定的迹象，我们意识到，面对新的事实，我们正在打造新的灵魂，正在走向“和谐”；这些迹象明确无误：装饰艺术死了，纯净、强烈、浓缩、高度诗意（比如现代绘画，立体主义就是其最早的证明）的艺术降临了；渐渐地，建筑工地将走向工业化；机器对建筑的介入将趋向于“典型性要素”（ELEMENTS-TYPE）的建立；住宅格局也将得到转变，新式经济学将一统天下；典型性要素将带来细节的统一，而细节的统一则是建筑美不可或缺的前提条件。所有城市将一扫今天令其颓唐的纷乱面貌。秩序将君临天下，更宽广、更富于建筑艺术的新式街道规划将为我们的眼睛带来美妙的视觉享受。

承蒙机器、承蒙典型化、承蒙优中选优、承蒙标准，“一种风格”（UN STYLE）将得以确立。那种让诗人在他身后和过去的时代中苦苦寻找的秩序将再一次一统天下。就让诗人向前看吧；他手中已经握有光滑的钢球，那就是完美的象征，一种从今往后可以随时实现的完美，就让他为秩序而激动、让他把渴望和谐的精神寄托在新生事物的秩序上吧。新的对应关系就此建立：这就是我们这个时代的风格。

* * *

风格就这样诞生了，这是一种从一致感知的完美状态中分辨出来的一致收获。

那么，装饰究竟给我们的生活带来了哪些惊人的变化呢？我们的生活不是被机器颠覆了吗？我们的行为不是被彻底转变了吗？这种新式装饰手法已经在艺术尚未光顾的地方确立了。艺术无法阻挠人类战胜困难、挣脱束缚的首创精神，它径直而自然地奔向它的目标；工程师可以尽情施展他们的本领：工厂、桥梁、厂房、大坝、游轮，等等。在精确计算得出的严谨结论中，人类逐渐完善着他们的装饰手法，建立了这种与人体需求相符的“活动范围”（ECHELLE），在这个范围内，人类得以心旷神怡甚至心甘情愿地投身于工作与生活之中：于是就诞生了新式风格的生活用品，无论品位、触觉还是和谐的观感都处处体现出温存的关切：诸如办公楼（那当然！）、银行、汽车车架、服装、餐具、玻璃器皿的打造，等等。可以想见，那将是不大不小、拿着顺手、用着顺心、让我们一举一动都心满意足的所有物品的集大成之举；还可以想见，那将是由一群研究者、发明者、完善者共同完成的一项壮举。

所以，我们将以决绝和坚毅的姿态转向这些研究者的工作，以同样的聪明才智和科学态度与他们一起努力奋斗。房屋和家具由我们包了；我们清楚我们的典型性需求，我们会创造出典型的物品。我们将摒弃过去，“再不能重走老路，再不能因循守旧”（QUI NE PEUT PLUS ETRE ET QUE NOUS NE POUVONS PLUS DU RESTE REALISER）。凭借制造商手里的机器、凭借工厂里的原材料，我们将尝试打造一种与我们的精神和心灵相对应的装饰风格。

我们的心灵绝没有枯萎。今天的事物更加井井有条。俗丽不再，市井的花哨与动辄镀金的媚俗已经尘封于博物馆。我们日益强烈的求知欲将在读万卷书、行万里路的过程中得到释放，并在现代生活奉献给我们的如此丰富而不拘一格的景象中得到满足。

经过了艰辛的劳作、经过了剧烈的室外运动后，能够坐下来，在一片宁静与肃穆中沉思一会儿，会让人觉得幸福。

*
* *

批量化生产将把我们引向完美和纯净。

一个标准死过去，另一个标准生出来

可持续建筑学表现的是一种循环精神。这样的建筑学拥有一种臻于典型的模式与体系。长期以来，这种典型带给我们的就是完美。

这种典型就是标准。它为我们带来的是房屋的平面图、剖面图和所有组成物体。这才能形成被形容为地区特色的东西。地区主义因气候、因环境、因精神体系而存在，这种精神体系是由地区界限的包围与打破而决定的。

有朝一日，这些地区界限一样会归于消亡。比如说，就在今天。

实际上，铁路带来的交流行为已经打破了古老的地区间平衡。

新式建筑方法有可能在一夜之间颠覆已有“建筑手段”（LES MOYENS），并最终颠覆祖祖辈辈植根于某种“明确风格”（VERITABLE STYLE）中的地区主义形态。

一种社会变革、一种主流思潮、一种剧烈动荡，都可能让几代人全部或部分地抛弃房屋中的习惯用品，从而转变房屋的“典型性格局”（PLAN-TYPE）。

* * *

此外，我们还会注意到，“地方色彩”（LA COULEUR LOCALE）会在气候作用下随时间变化而附体于“一切事物”（TOUTES CHOSES）。“铜锈”（PATINE，就先用这个词吧！）就是这样覆盖了一切物品的。

有赖于这种气候上的特征，本地树种（植物区系）就会在整个地域蔓延出一种地方印象。

* * *

但是，地方特性、地方风格、地方经济需求已经在本地建立起了一种积极的秩序，抗击（CONTRE）着由联合种植引发的外来树种植被的侵略。

说实话，地域本身也已经成为某种人文作品，不管是布列塔尼[1]、普罗旺斯[2]、吉伦特[3]、汝拉[4]，还是托斯卡纳[5]。布列塔尼地域或者托斯卡纳地域都是标准地域。

如果说，铁路带来了全新的交流，如果说，农业机械就此出现，那么，我们将会看到葡萄园形态和农田形态的转变；我们还将看到某些作物的消亡和比如说甜菜的应运而生。古老的标准地域死掉了，新兴的地域就此形成，就像房屋的兴替一样。

而我们的习惯也被打乱了；就连我们常用的习惯字眼也变了味。

在机器面前，我们无处不在旁观着古老标准的死亡。

* * *

这所布列塔尼房屋历经几个世纪才变成现在这个样子，也已经有好几个世纪没有动过了；这就是一种典型。地上裸露着石头，田里堆积着秸秆。

① BRETAGNE，法国西部旧省。——译者注
② PROVENCE，法国东南部旧省。——译者注
③ GIRONDE，法国西南部省份。——译者注
④ JURA，法国东部省份。——译者注
⑤ TOSCANE，意大利中部大区。——译者注

我们终于可以砌出最好的墙壁了，喜不自胜；事实上只是因为我们有了简陋的花岗石切割工具。自圆桌骑士[①]时代以来，还从来没有出现过任何变化。

典型性需求、典型性房屋。布列塔尼风格。布列塔尼的地区形态。如此明显、如此纯粹、如此真实、如此一成不变、如此稳定持久，以至于任何一点变动、任何一点不纯正、任何一点不正规都会引起轩然大波，就像镜子上的一道划痕那么鲜明。

房屋成就风景。

风景中的房屋就是一种亘古不变的真实存在。

房屋精确地矗立着，精确得就像涨落的潮汐。

房屋、地域、植物是一个整体，就像脑袋之于身体。

① CHEVALIERS DE LA TABLE RONDE，中世纪传说中亚瑟王（ROI ARTHUR）朝廷里最高等等级的骑士。——译者注

房屋是纯美的，纯美得就像水果般真实——像苹果、像梨。

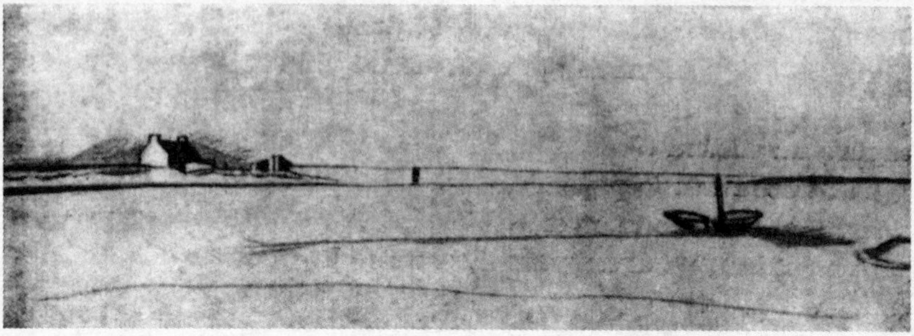

房屋的排列是精确的，精确得就像太阳和大洋上的气流。

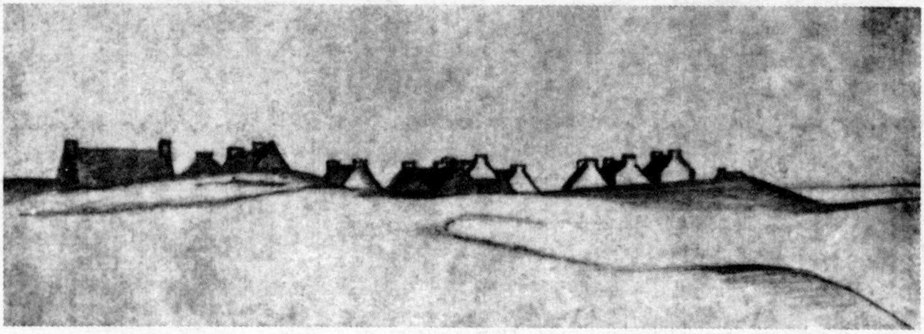

房屋的三角楣丝丝入扣地顺应着审美法则，尽管不显山不露水，但却像字母 A 一样稳定不变。

这种形式的三角楣就像坚固的水晶石般点缀着四周的风景。从几何学上讲，它标志着人类的劳动成果，即便远远望去也会令人精神一振。它的顶饰构成了天边惟一一道风景线，就像海天之间变幻万千的地平线。

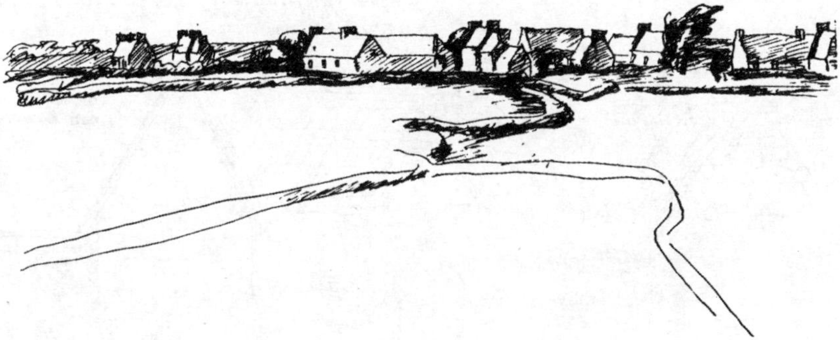

我们发现，这种三角楣与它头顶上的地平线在布列塔尼地区随处可见。没有三角楣上的这道地平线冠冕，我们就看不出布列塔尼的地区特色。它清晰得就像一段集结号。它就是信号、布列塔尼地区的信号。

*
* *

铁路运来了石板，替换了房顶上的茅草。

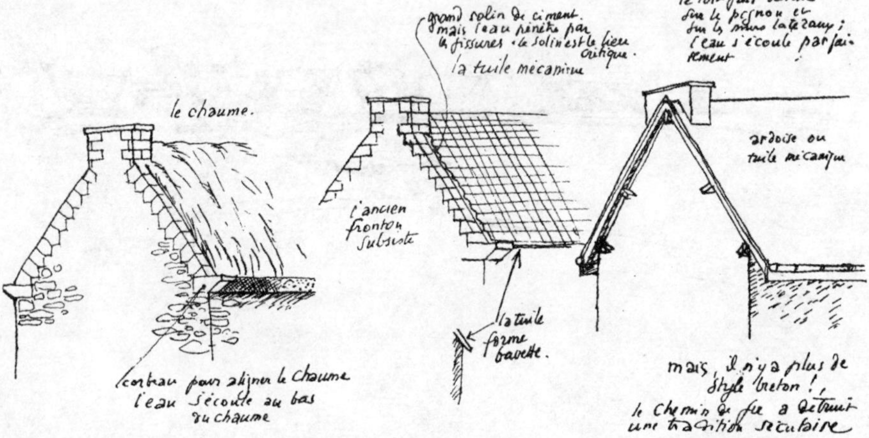

几个世纪以来为挡住屋顶茅草而建的山墙不太适应新来的石板。两者的结合处有可能会漏水。可是，有个机灵鬼从外面、从布列塔尼以外带回了一种可以伸出到三角楣以外的房顶；水滴还没有掉到墙上就被溅开了。再也不会漏水了，再也不会有水滴入或者渗入了。

“但这毕竟是外乡的房顶。”（MAIS C'EST UN AUTRE TOIT.）但这样一来，三角楣就不再是布列塔尼式的三角楣了。但这样的屋檐却消灭了由袒露的花岗石三角楣形成的百年老景。列塔尼式三角楣一村挨一村地消失了踪影。10年之后，这些村子都将改头换面、洗心革面。“布列塔尼的信号行将就木。”（LE SIGNE BRETON AURA DISPARU.）

*
* *

每天晚上，在装修一新的客栈旅馆大厅内，在机械钢琴伴奏的舞会上，一个纤细而灵巧的意大利人，以小豹子般的魅力，收着他的爪子，“惹人怜爱”（FAIT CALIN）地翩翩起舞。他是一位砖石师傅。“就是他，有一天来到这里，用钢筋混凝土修建了客栈的新大厅。”（C'EST LUI QUI EST VENU UN JOUR ET A BATI EN CIEMNT ARME LA NOUVELLE SALLE DE L'AUBERGE.）他还特意修了一个露台式屋顶，可以让人走到上面欣赏大海的波涛。他还修了一个通往屋顶的室外楼梯。而且还用混凝土塑造了风格粗犷的楼梯栏杆。

这幢房子巍然屹立，傲视群伦。令周围的其他建筑相形见绌、自惭形秽。它就是这样的理直气壮。它在某一天出生此地，有如破浪而出的航船。

钢筋混凝土驶来了，它是经得起大海冲击的。旅馆主人说：“它当然经得起冲击啦！”

....

布列塔尼姑娘按照从巴黎弄来的式样精心缝制着美丽的花边，到了晚上，这些姑娘总要伴着机械钢琴跳上一个小时的舞。而她们这些花边女工却还穿着克伦威尔[①]时期的服装。大厅被漆成了绿色、赭石色和黑色，就像一艘粗制滥造的大船。餐具都像是以“装饰艺术”（ARTS DECORATIFS）装点出来的。养活着整个海滨地区的小城集市只不过是上不了台面的旧货摊：彩纸、蜡染布、迷信用品、镀金镜子、彩釉陶器。

15 年前，人们还能在苏弗洛（SOUFFLOT）街道买到坎佩尔[②]出产的盘子，其中有些还带有古希腊的陶器血统。可到今天，还坎佩尔呢！伤心呀。

有些布列塔尼的布列塔尼人还住在布列塔尼，还有一些布列塔尼的布

① CROMWELL，法国作家雨果于 1827 年所著戏剧作品。——译者注
② QUIMPER，法国西部城市。——译者注

列塔尼人则住到了巴黎。布列塔尼的布列塔尼人又重新点燃了坎佩尔的陶器烧制炉……它们“曾经”(S’ETAIENT)于某一天黯然熄灭(连陶器带炉子)。残疾军人广场上的“装饰艺术”也要重生炉子拯救三角楣了。

全码头的布列塔尼青年都像沙丁鱼般涌向工厂，他们是来跳舞的，他们绝不相信什么布列塔尼特色，要是有一天他们当上了市长或者“工会”(SYNDICAT) 主席，他们一定会不计家丑地胡作非为。他们肯定会先停了当地的朝圣节。他们的长辈有很多人比他们更加饱经风霜，却也都投奔了莫斯科。怪事。

这一切，就是这么回事，居然。

*
* *

标准就是完美的产物。铁路把乡村与大城市连接在了一起。进步来自大城市。今天的大城市已经建立了标准。

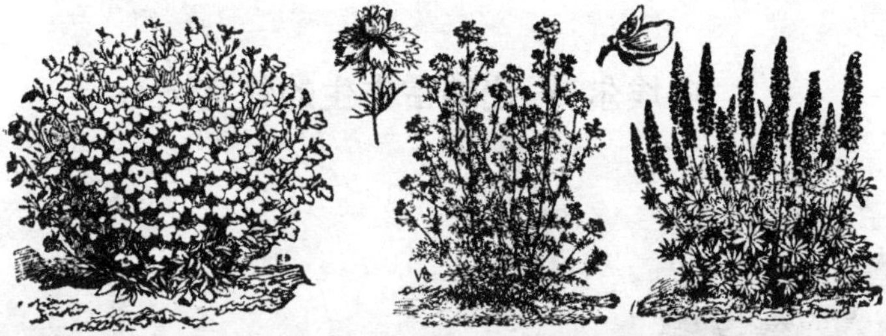

“很快巴黎所有的房顶都将建成花园”

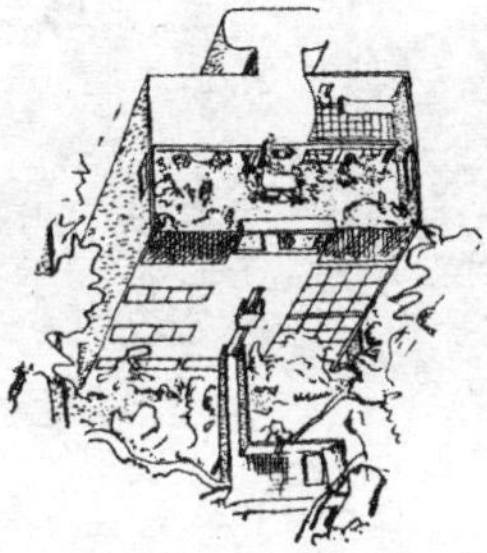

M……夫人的公馆

“很快巴黎所有的房顶都将建成花园”，雅克 · 爱弥尔 · 博朗士[①]如此宣称，因为有人告诉他，马莱—斯蒂芬斯[②]在他们家对面所建的旅馆都要采用露台式房顶了；因为他手里拥有佩萨克[③]的市容照片，那里将兴建130个花园式房顶；因为他了解他的邻居在欧特伊房顶上的花园（参见第38、39页）。连一个南方人都认为此举势在必行，最后还说：“这就对了！”

雅克 · 爱弥尔 · 博朗士先生没有表现出一点难过的样子，但一丝忧郁却为胜利的曙光添了道阴影。

诗意与理智在房顶上不期而遇。城市将变成花园，空中的。城市的房顶被攻占了。

当我们想要深刻满足小小灵魂的需求时，就会拿城市规划做文章：城市就这样彻底改变了模样。

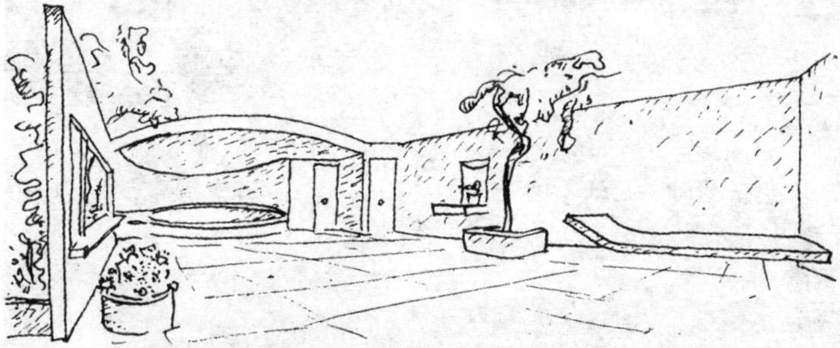

M……夫人的公馆，从小客厅上到房顶，这里的房顶既没有瓦片也没有石板，只有带游泳池的屋顶平台，砖缝里长满青草。头顶上就是蓝天。四周围都是高墙，谁都看不见墙里的您。晚上还能在这里看星星。

---

① JACQUES EMILE BLANCHE，1861—1942年，法国画家。——译者注

② MALLET-STEVENS，1886—1945年，法国建筑与设计师。——译者注

③ PESSAC，法国西南部市镇。——译者注

皮埃尔 · 让纳雷先生的住宅

1923—1924 年

湖边的一所小房子 1923—1924 年

勒·柯布西耶与皮埃尔·让纳雷作品 1923—1924年
日内瓦湖边

窗户的总宽达到了 10.75m。冬天也能“身临其境”（EST LA）地仿佛置身花园之中。这里的日子一点也不难过；从黎明到深夜，大自然的变化近在眼前。

木头宫殿，1924 年 7 月

对一扇现代窗户的一点研究心得

1924 年 7 月于“木头宫殿”

木头宫殿是由奥古斯都 · 佩雷[①]于 1924 年建造的，用于举办画展。勒 · 柯布西耶与皮埃尔 · 让纳雷就是在这里见到的奥古斯都 · 佩雷，他心满意足地坐在一张宽大的真皮扶手椅上，背后是神奇的“条形”（EN LONGUEUR）大窗，那个大厅应该就是木头宫殿的餐厅；这扇大窗在整个宫殿中还是独一无二的；它装的岂止是玻璃，简直就是透明的镜子。

对勒 · 柯布西耶与皮埃尔 · 让纳雷的这扇条形大窗，有人发起了猛烈攻击——攻击对象还包括被他们废除的挑檐以及他们所有的建筑创

① AUGUSTE PERRET，1874—1954 年，率先使用混凝土的法国建筑师。——译者注

新——发起攻击的就是奥古斯都·佩雷，他曾在1923年12月7日的《巴黎日报》(PARIS JOURNAL)上撰文笔伐；“他们的房子有一半都会见不到一点光线，这样的创意真有点画蛇添足了……”

所以勒·柯布西耶与皮埃尔·让纳雷看见奥古斯都·佩雷时，他就坐在这间大厅里，那是整个宫殿最透明的地方，光线最足，最舒服，这里就是要布置成谈话的场所、准备进餐的场所。对话就在这里展开。

勒·柯：您这儿的条形窗很漂亮啊！

奥·佩：嗯哼！

勒·柯：我很高兴看到这些窗户，看到它们的作用如此明显，因为我太喜欢它们了。

奥·佩：嗯哼！

勒·柯：这些年来我一直就在提倡并捍卫这样的窗户，反复论证建这种窗户的道理和合理性。这些窗户是使用了钢筋混凝土的必然结果。我坚信您会接受它们的。

奥·佩：您明知道我是反对条形窗户的！条形窗户根本就不是窗户。(态度鲜明地)：一扇窗户就是一个人！

勒·柯：别拿字眼吓唬人，别用这样的“字眼”(MOTS)。

皮·让：眼睛本来就是平视的。

奥·佩：我最讨厌全景了。

勒·柯：可是，它可以照亮侧墙，整个大厅也会跟着亮起来呀。

奥·佩：你们要按我说的去做也不会太差：去试试把光线照进来的轨迹画出来，你们就会发现，“超高”(EN HAUTEUR)的窗户光线照得更远。

勒·柯：那左右两侧的阴暗角落呢……？

奥·佩：太阳是会转的(作转动手势)。

勒·柯：太阳是会转，可阴暗角落依然阴暗！

人类始终追求把窗户拓宽，一直宽到两面侧墙，以便可以照亮侧墙；但却始终难以如愿；技术手段达不到。钢筋混凝土提供了解决办法，不仅如此，随着钢筋混凝土的出现，这样的窗户势在必行。

这段情景十分典型。它表明，争执只会让争执双方觉得自己更有理，从而影响事物改变的进程。这场争执不是技术范畴上的争执，而是面子之争；是一场优先权之争。一方把他的建筑体系建立在“条形”窗户之上，因为这是钢筋混凝土最先带来的最大效益；另一方则死抱着高窗不放，而高窗已经跟着奥斯曼一起死掉了，它只是用石头造房子的必然结果（这里指的是供居住、供租赁用的常规房屋）。奥古斯都 · 佩雷比我们长了一辈。他曾是一位勇敢者、一位英雄、一位伟大的建设者、一位博学的创新者。他对建筑的学问为他赢得了声望，而今人对此则有些言过其实，我们只是从1908年以后才开始关注他的声望的。

要是他的努力能驱使他把对住宅的研究进行到底，那么条形窗本该出自他的研究成果；这样的推理似乎本就是顺理成章的。

……满怀喜悦地搞清了这个问题，我们的心里亮堂了，就像条形窗让房间变得亮堂一样！

说实话，到今天，企业家们用这种条形窗给工厂采光已经有20年的时间了（准确地说，是从起用金属屋架或钢筋混凝土屋架那一刻开始的。）

[就在刚才，我们收到了1925年12月1日版的《科学与生活》(SCIENCE ET VIE)，上面有一篇谈论十字形摩天大楼的文章，配着奥古斯都 · 佩雷的设计图。他在设计图上构想的窗户照明方式是这样的：每层都有一个阳台，伸出去2—4m，把所有直射光线挡了个严实。哪怕这些阳台都是玻璃做的，也会有一大半光线白白损失掉。

如果在这张设计图上试画出光线照入的轨迹，则无论是高窗还是条形窗就都起不了作用了。

这些每层一个的阳台完全照搬自德国的审美时尚。这种时尚的机制有些含混不清：1）为了照亮房屋，特意开了一扇窗户；2）在窗户上面还装了一块突出的石板，或者说是在上面建了一个阳台，“一叶帽檐”(UNE VISIERE DE CASQUETTE)挡住了光线的照入；3）从房间里面再也看不到天空了，呆在屋里，你只好忍受挡在光线与你之间的大石方百般作祟了。]

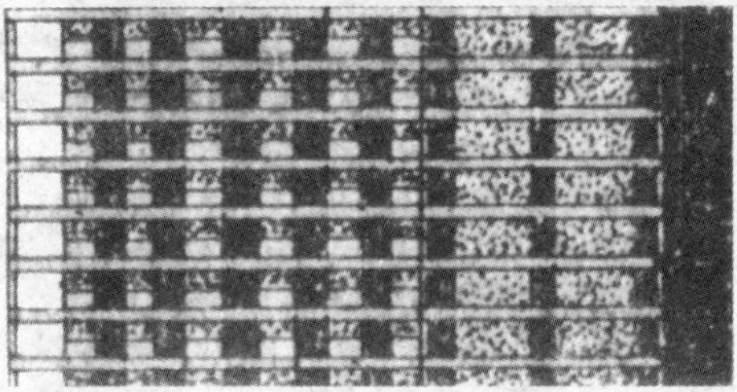

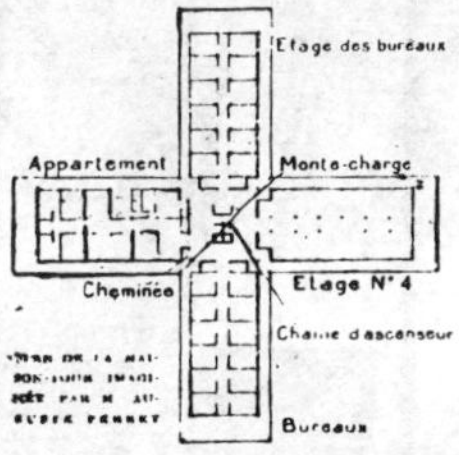

1925年12月(《科学与生活》)。奥古斯都 · 佩雷的摩天大楼。窗户照明的设计效果。其中上图显示的是摩天大楼外立面的局部，在稍后的“发展历程”(DATES)一章中将有详述，参见第177页

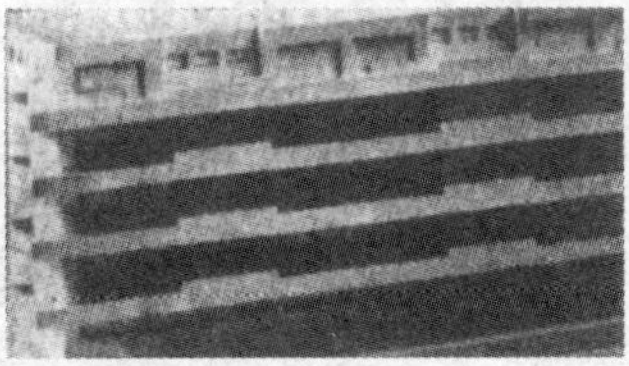

1923年。沃尔特 · 格罗皮乌斯[①]作品

① WALTER GROPIUS，德裔美籍建筑师。——译者注

奥占方先生的画室

画室

勒·柯布西耶与皮埃尔·让纳雷作品 1922—1923年
奥占方先生的画室

画室（内部）

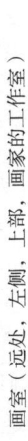

画室（远处，左侧，上部，画家的工作室）

对企业家的呼唤

请雷诺、标致、雪铁龙，请勒克勒左[1]或者其他冶金重镇为建筑带来工业化吧！

窗户就可以“被看成一种机械工业”。(CONSIDEREE COMME UNE MECANIQUE.)

可以自动开关，而且全封闭。

我们终于有了机械式窗户！

我们这些建筑师，能找到一种固定的标准系数就已经很满足了。有了这个标准系数，我们就可以大玩组合了。

* * *

这就是一组标准系数及其导数的例子。

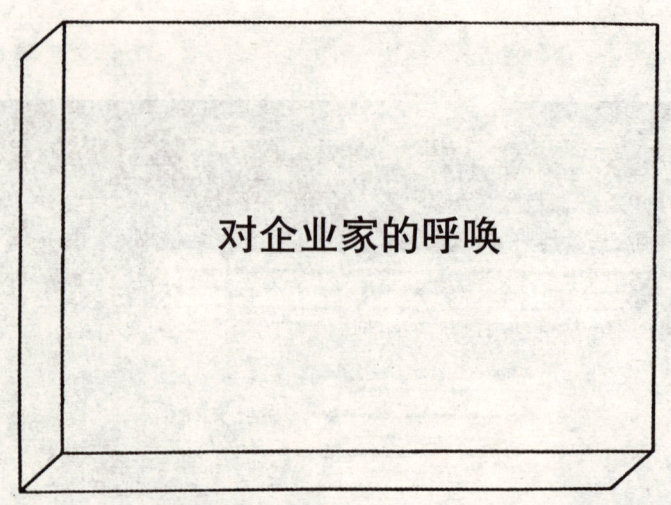

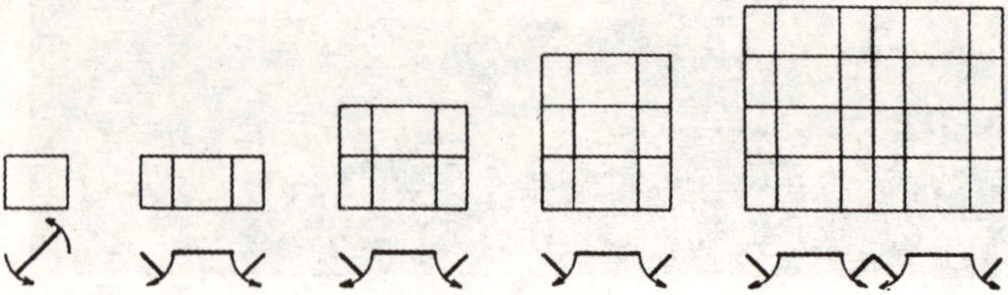

① LE CREUSOT，法国中部偏东城市，以冶金业著称。——译者注

这就是钢筋混凝土自动留给我们的空白。

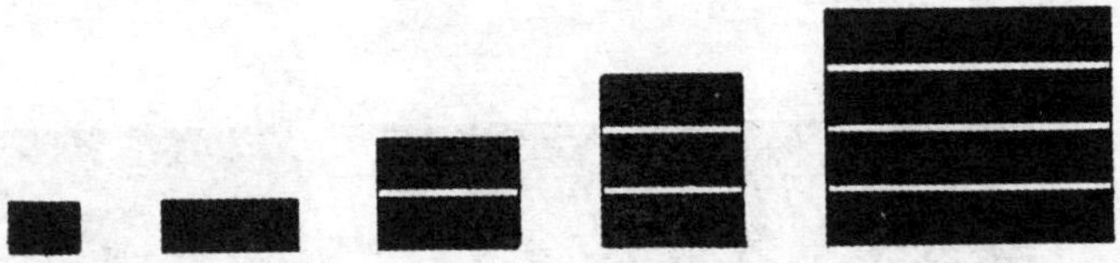

注意！窗户不能再开向室内了，那会占用室内空间，也不能向外推开。“它们应该以侧滑的形式开合。”（ELLES DOIVENT GLISSER LATERALEMENT，只有第一扇可以旋转打开。）

如果我有10扇用来照明的窗户，我只要能打开其中的3—4扇用来通风就足够了。

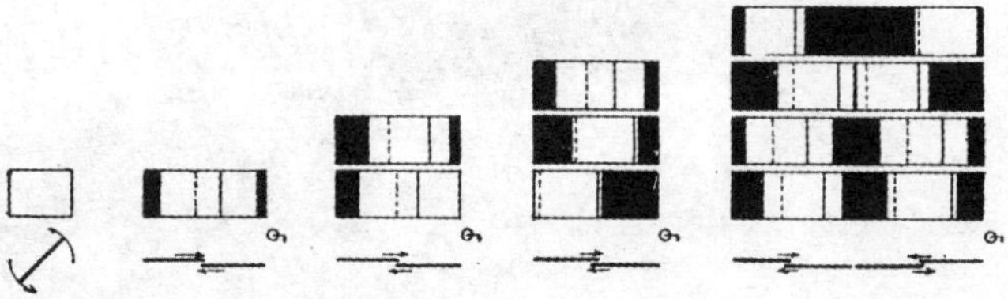

*
* *

英国的RENEO工厂为我们做出了铁皮房门，很有意思，可惜它的技术部门半途而废，没能做出同样材质的窗户。

位于格勒诺布尔[①]东南的金属门窗厂则以极其新颖的方式对铁皮作了深加工。

可惜布鲁塞尔的冯 · 哈姆[②]却离我们而去了。

而拉乌尔 · 德古尔[③]开始加入我们时还有些畏缩。

为了那个离我们尚远的目标，我们做了多少说服工作啊！

我们所有的公馆、所有的别墅。

我们所有的工人宿舍。

我们所有租来的不动产。

都被设计并安装了一模一样的窗户，成了一种典型性要素。

有那么几年，我们曾经十分接近以人为本的标准系数。

但是……直到今天，我们所做过的一切都只不过是锁匠的把戏，而并非机械师的工作。窗户可是房子里的“典型性机械要素”（ELEMENT MECANIQUE-TYPE）。

按一下按钮，或者更简单，拧一下把手，窗户就会缓缓滑开，自开自合……

★

---

① GRENOBLE，法国东部城市。——译者注

② VAN HAMM，1939年出生于比利时，比利时小说家、剧作家、连环画画家。——译者注

③ RAOUL DECOURT，新精神的拥戴者。——译者注

沃克勒松的别墅

中午时分朝向花园的外立面

勒·柯布西耶与皮埃尔·让纳雷 1922—1923 年作品　　沃克勒松[①]的别墅；入口

① VAUCRESSON，法国中部市镇。——译者注

楼梯

朝向法国国家公路（北侧）的外立面

布洛涅的别墅

勒·柯布西耶与皮埃尔·让纳雷作品 1924—1925 年

里普希茨[①]与米埃特沙尼诺夫[②]先生位于上塞纳－布洛涅[③]的两幢房子。

---

① LIPCHITZ，1891—1973 年，波兰裔法国籍立体主义雕刻家。——译者注

② MIETCHANINOFF，法国雕刻家。——译者注

③ BOULOGNE-SUR-SEINE，法国中部市镇。——译者注

"新精神馆"。构成卧室墙脊的标准组合柜：包括 4 个挂衣橱；2 个内衣橱；1 个衣帽格；一个鞋履格；一个梳妆台

一个行业足矣

[发表于《房屋艺术》(LES ARTS DE LA MAISON),
由莫朗斯出版社（MORANCE）出版于 1925 年秋天]

在钢筋混凝土问世之前，要想造一所房子，所有的行业团队都要到场。钢筋混凝土用了 20 年后，我们终于可以实现梦想了：只要一个行业到场足矣：砖石行业。

砖石工匠负责砌墙、打隔断、做地板、做楼梯、做房顶（露台）；还可以安门窗。剩下的就只有细木工匠的活儿了，为房间安装组合柜（壁柜）。

到目前为止，都是砖石工匠先为细木工匠作好所有准备，包括在门窗上打好眼儿；细木工匠到场后只需量好尺寸，再回到自己的工厂按不同尺寸做出相应的门窗；然后返回施工现场，实施安装并完成调试、润色、修正即可。

其实现在的门窗都是由工厂批量生产的，要是让砖石工匠来安装，并不会比他们用石头砌墙来得更费劲。这就是一种现代化的解决方法，我们已经在多处工地部分地试用过了。

室内组合柜（壁柜）迄今依然是按照大概齐的设计图来进行安装的；在屋里的什么地方安装也是大概齐。

然而厨房、书房、餐厅、客厅、卧室可都是具有特定功能的地方。它们每一间房间都包括一整套专用工具，必须能做到随拿随用。现代房间布局应该力求节省空间，用来存放这些工具的老办法（壁柜、大衣柜、五斗橱，等等）已经行不通了。必须做到“专物专放”（A CHACUN OUTIL SA PLACE），因此，家具摆放的位置一定要精确到位，就像办公室里精确摆放的家具一样。把办公家具搬进住家，势必形成完全不同的审美格局。毕竟，房子里除了组合柜，再放些椅子和桌子就够了。其他家具只会添乱。

“新精神馆”以一种居住体系、一种具有生命力并能在城市现实中随

“新精神馆”。卧室。梳妆台。房间远处右侧是小客厅的墙脊，那里有两层贴身内衣橱（可根据物品形状拆卸出多格组合方式）

意发展的单元 [“别墅建筑”(IMMEUBLES-VILLAS)、“蜂窝状分块建筑”(LOTISSEMENTS ALVEOLES)、“阶梯状分块建筑”(LOTISSEMENTS A REDENTS)] 构筑了建筑学的模型。这些现实包括通风与日照、运动、佣人的使用问题，等等 [参见中国建筑工业出版社出版的勒·柯布西耶所著《明日之城市》(URBANISME)——译者注]。在这个单元中，我们在每个可资利用的地方都标示了安装组合柜的必要性。

我们的日用物品无不拥有符合我们人类活动范围的大小尺度。它们也因此具有一种共性范围；这样我们就可以找出一种能将它们全部包容进去的大小尺度了。

1913 年，我为一个巡回展设计了一种用于盛放装饰艺术品的陈列设施(以及包装和运输设施)，当然也能用来装家庭物品。1924 年，我和皮埃尔·让纳雷两人又另起炉灶造出了“标准组合柜”(LES CASIERS STANDARTS)。这两种作品最终都采用了共性范围：长、宽、高都是 35 $^1/_2$、75、150。房间里的所有物品都可以轻松装入这个尺码范围内的各种容器中。

这种组合柜因此成为以机械手段大批量生产的装载箱(容器)；可以

“新精神馆”。卧室与小客厅之间的墙脊。有衣帽橱，等等

用木材、铁皮或者任何其他材料制成。其容量、也就是内部格局，应该以最为经济的大小尺度来仔细布置（用来挂衣服的、放贴身内衣的、放床上用品的、放鞋的、放帽子等的，还有放玻璃器皿的、放各种餐具的；放成套厨具的；放置书写用具的、存放分类文件的；摆放图书的、存放留声机唱片的、摆放收音机的，等等）。[1]

容器（装载箱），大批量地生产着，既可以刷上能找到的各种油漆，也可以像对汽车封釉那样进行封包处理（这就是我们在建筑过程中开始使用的方法：做出封包墙壁与封包组合柜）。

容量（格局），则可以通过高级细木工匠、画家、制鞘匠等等做出从最简单到最复杂、从最经济到最讲究的布置。

批量生产后，这些可以多种排列方式并排放置的组合柜就可以拿到巴黎市政府门前的集市或者香榭丽舍大街上去卖了；它们可以靠墙放置，正好顶到屋顶，或者在屋里自己构成一堵墙。

于是，"一个行业足矣"（UN SEUL CORPS DE METIER）：细木工匠不用再染指建筑，也就不会再令人无奈地延误工期了。他们的产品等到装修时再进入房间、进入由干砌墙壁构成的四围空间中（DANS DES MURS SECS）也不迟。

砖石工匠成了工地的主人。他始终主导着建筑工地，哪怕到了实施分

"新精神馆"。工作室。书柜、写字台、展示板，等等（左侧的门厅墙脊）

块（将房屋分成规则小块）改革的那一天，这种分块方式可以让房屋建立在规则的地面形状上而不再是不规则的奇形怪状上，从而引导我们确定一种更加严谨的房间布局。而由砖石工匠实施的封包手法也将为房间内的供暖和卫生设施罩上一层保护罩。

标准组合柜方式早已长期应用于办公家具、“新式”（INNOVATION）家具，并同样应用于弗朗西斯 · 茹尔丹①先生大胆而优雅的巧妙设计中。

对我们来说，我们从此建立了带有几项固定内容的建筑规划体系：门、窗以及标准组合柜；渐渐走出设计的随意性和粗放性令我们兴奋不已。无论是一扇门、一扇窗还是一套标准组合柜无不“需要专业技术人员的通力合作”（APPELLENT LE CONCOURS DES TECHNICIENS SPECIALISES）。而我们这些建筑师也该好好想想，要知道，作为室内用具，任何一组暖气片、厕所、电灯泡、陶瓷洁具都不是由我们设计出来的。室内用具的不断完善将成为今后的发展趋势；令我们备感欣慰的就是终于可以假手专业技术人员了。我们的作用只是安排布局和掌握比例。[2]

注：

1. 展览闭幕时，看到纪尧姆 · 雅诺②笔下的内容，觉得挺有意思，他给苏③和马尔④出主意，让他们用冲压铁皮做家具，这两位可都是具有高品位同时也具有奢华大手笔的装饰师。我的档案里就放着一份将近10年前的专利证书，是趁热用混凝土和石棉冲压成板材以代替木材做家具的发明专利。现在这些组合柜则是以冷作业方式（冲压铁皮）做出来的……但是冷作工得下决心学会使用机器……！

2. ——就在展览结束前15天，在一位朋友的指点下，我们惊奇地发现，在第7类展区（家私类）有一组我们那样的标准组合柜，制作者是布尔诺市的UP公司[来自捷克，设计者是建筑师瓦奈克（VANECK）和格伦特（GRUNT）]。事情是这样的。1924年10月，UP公司派他们的董事瓦奈克先生来巴黎，与我们达成了一项由我们设计家具、由他们完成制造的协议。UP公司等于是包下了“新精神馆”所有标准家私的制造工作。1月份，我还去了趟布尔诺，现场改正了家具制造的所有“尺寸”。到了4月，该UP交货了……可我们接到的却不是家具，而是一封短信，告诉我们他们“根本就没做这些家具”！！！灾难！我们在毫无准备的情况下赶制那些家具的困难程度就别提了！

可现在瓦奈克和格伦特先生这么做又是什么意思呢？

---

① FRANCIS JOURDAIN，1876—1958年，法国画家、家具与室内装饰设计师。——译者注

② GUILLAUME JANNEAU，1887—1968年，法国家居用品设计师。——译者注

③ SUE，1875—1968年，法国建筑师、装饰师。——译者注

④ MARE，1885—1932年，法国装饰师、室内建筑师、画家。——译者注

佩萨克的“现代街区”(QUARTIERS MODERNES)一角

不是一个标准
就能解决一个建筑问题

(亨利·弗吕日以由衷的善心在佩萨克的“现代街区”
出资兴建了120套房屋)

我们。——每所房子、每组房子都需要在设计图板上以每5cm代表1m的方式来细致地表现。细致而困难、棘手。比在佩萨克更为细致、棘手和困难的是，我们只能“凭借标准要素”(AVEC DES ELEMENTS STANDARTS)来工作：所有建筑都是一样的窗户，所有建筑都是一样的楼梯、一样的房门、一样的暖器、一样的5m×5m和$2^1/_2$m×5m的混凝土单元、一样的厨房设备、盥洗设备、一样的卫生间。

亨利·弗吕日先生。——但可是：那是不是说批量生产的标准化就此失败了呢？好像所有一切、一切体系指标都统一成了数字与图表，足以让工地负责人了解每一所房子的定位和向阳程度。

我们——（我们一年以来一直在艰苦奋斗。）其实这就是标准化的失败。“至少不算最佳选择。”（A MOINS QUE CE NE SOIT LE SALUT.）一件建筑作品只有在确实将真实意图诉诸具体形态后才能成为感情的载体，才能打动我们多愁善感的内心世界。某某先生（您和我都不认识，他将是某所房子以后的主人）也只有当我们确实在建筑中融入我们的意图后才可能被这种意图所打动。我们最发愁的就是如何在这小小的方寸之地上取悦它未来的主人，如何为他提供所有必需的足够光线，如何为他挡住呼啸的狂风，如何让他能结出果实的鲜花和树木尽享阳光，如何让他的厨房得其所在，如何让他的房门正对出入通道，如何让他的窗户面向美景，如何让他的内室避开邻里的目光，等等，等等。

如果我们未能将最佳意图诉诸每所房屋，我们就会把房子盖成“矿工宿舍”（CORON），而批量也好，标准也罢，就都会失败，“因为这样的住宅很可能缺乏可居住性”（PARCE QUE LE LOGIS SERAIT MAL HABITABLE）。标准就是文字，应该用这些文字很好地写出您未来客户自己的名字。

这段简短的注释说明了《走向新建筑》（VERS UNE ARCHITECTURE）一书中“批量房屋”（MAISONS EN SERIE）一章的主要精神。

一根标杆

奥古斯都 · 佩雷为勒兰西[1]教堂所画的平面图和剖面图都是奉行古典主义路线做出的可行建筑结构，是一种与古典主义紧密相连的“向前看”（EN AVANT，而不是向后看）的建筑结构。

因为，如果上升到建筑学前途（打动人的建筑学）的高度，这就是全部的、纯粹的建设体系。此外，也是一种将胆大妄为推广到最大可行范围、在精神层面充分体现“经济学”（L’ECONOMIE）的体系。

一旦某种建造体系具备了用于兴建库房或者教堂的可行性，也就是说，这种体系成为我们为构筑某一“庇护场所”（ABRI）而能作出的最佳选择时，由净化的形态、

① LE RAINCY，法国中部市镇。——译者注

这就是大巴黎区无数小巧而又地道的民间建筑之一。看到此情此景之日，说明我们被狗分食[①]之旅的范围已经显著地扩大了

线脚元素

线脚元素（MODENATURE）？一个不纯正的、粗放的、怪异的、陌生的、现代的词，（要是达达一词还没有退出流行语言的话，那这个词就可以定性为达达主义……）

这个词充斥着奥古斯都 · 施瓦希著作的每一页，他是一位令人敬佩的桥梁与公路工程局退休督察员，他的书是建筑学领域一部最值得一读的著作。有着最高的思想境界和最坚实的写作风格 [也许还是最优美的，可惜我不是文学家；然而保罗 · 瓦莱里先生上星期告诉我这种风格令人敬佩，也就在昨天，保罗 · 瓦莱里先生刚刚坐上了阿纳托尔 · 法朗士[②]留下的法兰西学院院士的交椅]。

① THOOS-COOK，典出古希腊神话，底比斯（THEBES）王子阿克泰翁（ACTAEON）无意中看到了月亮女神阿耳忒弥斯（ARTEMIS）等众仙女的处女裸体，恼怒的女神随即将其变成一只牡鹿，跟随他打猎的猎狗一涌而上将其撕碎。他有 50 只猎狗，其中一只的名字就叫 THOOS。作者此处意指民间建筑对其正宗建筑的分食威胁。——译者注

② ANATOLE FRANCE，1844—1924 年，法国作家、小说家、1921 年诺贝尔文学奖获得者、法兰西学院院士。——译者注

我在《走向新建筑》一书中写过："线脚元素是建筑学的试金石……线脚元素也是精神的纯粹产物：它的名字就叫造型艺术家。"

1925 年发生的装饰艺术国际大爆发驳斥了我：

巴黎市建筑局首席建筑师路易·鲍尼埃[1]是个直脾气、烈性子；也是最正直、最可敬的人。

他无缘无故地厉声质问我（我当时想请他为"新精神馆"批一块地）："线脚元素、线脚元素，这是什么呀，什么意思呀；又是你们鼓捣出来的一个词？……"

——鲍尼埃先生啊，字典里可是有这个词的呀。而且不仅如此，建筑学里也确实有这种东西。当时已经到了建筑学最为危急的时刻；那时的每一张职责所在的脸都可以居高临下地作出或阴或晴的决定，也就是能决定我们所看到的是什么，以及很多最终让我们为建筑而感动的东西……诸如圣彼得大教堂的半圆形后殿、帕提农神庙，等等。线脚元素不是线脚装饰（MOULURATION）；线脚装饰尽人皆知，而且被广泛采用，甚至过度采用；

① LOUIS BONNIER，1856—1946 年，法国建筑师。——译者注

线脚装饰是狭义的，只跟线脚有关。而线脚元素则存在于既无突饰也无线脚的建筑物当中：那就是建筑物的剖面，是与剖面有关的一切。就像一个长着朝天鼻或者鹰钩鼻、扁平额头或者凸起额头等特征部位的人脸侧面一样。

如果说这个词在今天还没有得到广泛传播，准确地说那是因为"这东西失传了"（LA CHOSE A ETE PERDUE）；你们可以看看奥赛火车站①，看看大王宫②。如果说线脚元素一词如今重又回到我们的意识中，那也是因为全新的建造手法（不用石头）要求我们必须找到一种与之完全相符的审美价值；而建筑物既关键又不可或缺的姿态——实际上也就是建筑的脸面、建筑的神采，则只能由其剖面关系、由其线脚元素来决定并提供。线脚元素是刚毅而动人的，就像莱昂纳多③所画的人脸一样刚毅而动人……

字典上的定义白纸黑字地写着呢，鲍尼埃先生于是也给我写了封回信："请原谅，这个词确实有，但我坚持认为一个不再使用的词是没有用处的，特别是在流行语言中我们有的是既明晰又准确的类似表达方式。"

当然了！但装饰展让我们看到，这个词已经离我们太远了，这样东西也是……

① LA GARE D'ORSAY，位于巴黎市中心，始建于1810年，19世纪80年代被改造为19世纪艺术博物馆。——译者注

② LE GRAND PALAIS，位于巴黎香榭丽舍大道旁，系于1897年为庆祝世界博览会而建。——译者注

③ LEONARD，此处指意大利文艺复兴时期的画家达·芬奇。——译者注

夏尔 · 加尼埃[①]的遗产

线脚元素在某种意义上表现着时代精神的仪容；占据精神世界的思想就是通过它来进行表达的。超然于物质条件之外（静力学、建筑手法，等等），线脚元素完全是一种精神反应。历史清楚地告诉我们，当精神的兴奋彻底耗尽了人的活力后，人的精神倾向是会突然逆转的。说我们从来不会继承父亲和母亲的“思想”（IDEE）也许并不准确，相反，我们依然还在积攒硬币：但时代进步带给我们的是——论套积攒。

如果说，今天还有些不够内行的旁观者在展现某些当代建筑剖面的“镜像激情”（LA PASSION DE GLACE）[1] 面前还在担心或者愤慨，那是因为这些旁观者还没有进入新的循环；他们还保留着“从前”（D'AVANT）的灵魂。这样的人在哪儿都是不幸的；当代生活在各条战线上攻击着他们、把他们拉下马、把他们变成抗议者。我们分成了两个阵营；一个阵营里是那些预言世界末日就要到来的人，另一个阵营里是那些宣称进入了稳定新世界的人。就在两个阵营争执得不可开交之际，代表着明天的年轻人降生了，他们是“世纪之子”（LES ENFANTS DU SIECLE）。对他们来说，这场影响着我们的动荡根本就不存在，他们甚至不知道有“情况”（UN CAS）。

比如说，他们知道夏尔 · 加尼埃的情况吗？夏尔 · 加尼埃？不认识。哦，就是那个设计法国歌剧院的人？设计得难看死了！说出去的话，泼出去的水。你绝不可能晓之于理，让他们“热爱”（AIMER）上夏尔 · 加尼埃。

而我们，我们过去热爱（当然，是以某种方式）、现在也热爱夏尔 · 加尼埃，因为他曾是我们的首要敌人——本能上的。我们有过反感，而这是要被诅咒的！只是我们的感觉在抗议。随着年龄的增长，有一天，我们突然揣度到，夏尔 · 加尼埃为 19 世纪赋予了一种形象，那是一种虚假艺术的奇特效力，但却安排得如此无可挑剔：在新兴事件诞生之前，它所具有的是一种令人敬佩的垂暮之力，就像一个机灵的航海家从“别人的国家”

---

① CHARLES GARNIER，1825—1898 年，法国建筑师。——译者注

（DES PAYS DES AUTRES）返回并从那里带回满舱沉睡已久的财宝后，在港口用战利品竖立起来的气派十足的纪念碑。就像魔术师手里挥动的小棍；还是一个品味低劣的魔术师（我不知道为什么，孩提时代遇见的魔术师们品位都那么差；他们做好做歹变给我们的东西总是让我们隐隐觉得面目可憎，因为我们不会用一根小棍做出好和歹，只会用自己的行动，而这样的行动是需要花心思和用力气的）。

夏尔 · 加尼埃的歌剧院设计图展览在马桑馆①开幕了。有一种理由在为这个展览作幕后拉线；甚至是一种很站得住脚的理由。因为这个理由可以让四处偷来的所有要素在幕布外面翩翩起舞，并发出很雄辩的声音来。而没有在下面忙着拉线的理由，上面的雄辩就该穿帮了。我们从外面探查到了里面的东西,里面的东西刚好可以支撑起外面。这无疑就是一种“外面的”（EN DEHORS）建筑学。它只会带来狼藉的声名：巴黎的宫殿（以及所有其他大城市里更加丑陋的宫殿），巴黎的宫殿就是一切都在外面而里面一无所有（都能叫得出名来：大王宫、奥赛火车站、迪法耶尔商店②，等等）。

这就是为什么年轻人会以 180° 的大转弯拒绝加尼埃遗产的原因。建筑学是一种从里向外伸展的有机体，而且不仅是空间上的，还包括精神上的。今天的建筑学已经表现为另外一种精神表达方式、另外一种精神面貌了。从加尼埃那里没有任何需要继承的东西；我们只对这个人的努力施以一种赞赏，不管怎么说，这种赞赏还是多少有别于对魔术师那种本能的憎恶的。

*
* *

大体上说，比如哥特时期的建筑事迹就是健康的，让我们放心。

加尼埃的建筑事迹则是一种葬礼般的装饰。殡葬礼仪的气氛、带着菊花的图案，就像过万灵节。对我们来说那个时代已经死透了。

不过就其自身而言，歌剧院的大厅还是蛮漂亮的。

注：

1. 这个词源自保罗 · 比德利③。

---

① PAVILLON DE MARSAN，为杜伊勒里宫（LE PALAIS DES TUILERIES，位于巴黎市中心，始建于 1564 年——译者注）的一部分。——译者注

② DUFAYEL，位于巴黎北城，始建于 1895 年。——译者注

③ PAUL BUDRY，1883—1949 年，瑞士作家、艺术批评家。——译者注

——一个仆人都没了！

——……可还有奴隶呀。那就是咱们。

《日报》(LE JOURNAL)，1925 年

通过秩序得到的自由

（节选自《明日之城市》一书，勒·柯布西耶著，
中国建筑工业出版社，2009 年出版）

我们都住在公寓房里。公寓房就是保障我们安全与舒适的机械与建筑要素总合。说到城市规划，我们可以把公寓房看成一个单元。这些单元被社会生活强制规定了组合方式，不得不合作或者对立着，构成了城市现象

的关键要素之一。大体上，我们在我们的单元中还是感到自由的（而我们还梦想着住到某处独立的房子里以保证我们的自由呢）；现实向我们表明，单元的组合形态会影响到我们的自由（而我们还梦想着住到……等等）；密集的群体生活就是由城市现状本身强加的一种限制（不可抗拒的事情）；在妥协的自由中忍受着苦难，而我们还梦想着（白日做梦）如何打破束缚我们的集体现象呢。

通过单元的合理布局，我们完全有可能依靠秩序来得到自由。

长期以来，我一直试图确定单元的某些现实（公寓房与公寓房建筑的改革），与此同时，我一点一点地通过推演在秩序中建立起了一种单元组合体系，目的就是要以一种为客户着想的善举来反对我怎么建你就怎么住的无序状态。

让我们来描述一下这种现时代的奴役行为：

公共汽车的“序号”（NUMERO，在煤气路灯的灯柱下以撕票方式拿到的序号）就是通过秩序得到现代化自由的最佳范例：不管您是身体虚弱的、腿脚残疾的，还是骂骂咧咧的、五大三粗的，一律都能在煤气灯柱下等到的公共汽车上按号享有一个非您莫属的座位。您可能还记得，在公共汽车开始“拿号”之前，乘车人的自由是如何被践踏的，弱者被推来搡去，后来的却能先上，凡此种种，不一而足。

看看现代住宅是多么的没有条理，而“巴黎人”（PARISIEN）狂热追求的“自由”（LIBERTE，挂在嘴上的、喋喋不休的）又是怎样的挂羊头卖狗肉、怎样的有名无实。[1]

首当其冲的倒霉蛋：看门人，小得不能再小的住所、枯燥乏味的居住环境；于是看门就看得随意至极；要么，您可以不守任何规矩，想干嘛就干嘛，看门的什么都不管，要么，赶上一个恶妇般的看门人，您就得忍受她的百般摧残，就看您能对这位门神容忍到什么程度；要是“看门那女的出去了”（LA CONCIERGE EST SORTIE）、“看门那女的去院子里了”（LA CONCIERGE EST DANS LA COUR）、“看门那女的上楼了”（LA CONCIERGE EST DANS L’ESCALIER），那，来访的客人就甭想见到您的面，因为压根就找不着给他们开楼门的看门人。

等您关上房门对看门人眼不见心不烦的时候，您终于以为“可是能清静会儿了！”（ENFIN SEULS）快拉倒吧！唱机声、钢琴声、楼上楼下的叫喊声、左邻右舍的说话声不绝于耳。您又被三到四户邻居夹成了一块“三明治”（SANDWICHE）；成了挤在圆砾岩里的一粒小石子。楼梯通常就是一条又不方便又不亮堂的小窄道。谁家也没有电梯。就算您真有一部，还得有两个佣人；您也只能让他们住在阁楼上，条件差不说，还经常会出现男女混居的情况，很容易出事。随着佣人的出现，驰名全社会的自由问题就开始真正摆到人们面前了！佣人每周要休息吧，那时候您只能自己伺候自己。您喜欢晚上见客，可您的佣人又不干了；您会面临宫廷政变的危险。您也许想偶尔来个聚会；可上哪儿啊？客厅吗？可是客厅不够大，而且邻居们一到 10 点就要睡觉。这样一来，在这个充满自由的巴黎，一年只能搞两次聚会：一次是庆祝新年的家庭聚会，一次是庆祝 7 月 14 日法国国庆节的街头聚会。想锻炼锻炼身体：从您家到体育馆的路得走上半个小时，甚至是一个小时；而且每月要收您 100—200 法郎：您肯定不会去，太麻烦了。您想索性就在卧室里转一晚上“磨磨”（SYSTEME MULLLER），权当锻炼？那可得有铁一般的意志，而且还会让您因早上醒得太晚而一整天神情恍惚：最后干脆只好不锻炼了。

想买点吃的：身材瘦小的布列塔尼妇人得一直走到本地区惟一的集市；乱乱哄哄的，耽误时间不说，而且还什么都贵得要死。啊哈！您还有辆车？那车库很可能离您家有 10 分钟的路；赶上下雨，就算您有车，到家也得淋成落汤鸡。孩子们想出去玩，那只能让人带着上卢森堡公园①、杜伊勒里公园②、蒙梭公园③什么的，说句实话，还得是那些家里趁个奶妈、或者趁个看护“小姐”（MADEMOISELLE）的孩子。

那我们能不能把所有这些烦恼全都一笔勾销呢？除此之外，我们能不能再给您带来些充满乐趣的创新呢？我们能不能让您减少点花销呢？我们能不能尽量帮您消除涉及佣人的所有麻烦呢？我们能不能以某种秩序来保证您几近完美的家庭自由：“就是，通过秩序，让您得到自由”（QUE, PAR L'ORDRE，VOUS AVEZ LA LIBERTE）呢？我们能不能把现代奴役现像扼杀在萌芽状态呢？

那就让我们核实一下该为一个一户之家（一个单元）做些什么；再核

① LE JARDIN DU LUXEMBOURG，位于巴黎第 6 区。——译者注

② LE JARDIN DES TUILERIES，位于巴黎第 1 区。——译者注

③ LA PARC MONCEAU，位于巴黎第 8 区。——译者注

“封闭的蜂窝状分块建筑”（LOTISSEMENT FERME A ALVEOLES），也可以是“别墅建筑”（IMMEUBLES-VILLAS）。悬在每套公寓房顶上面的空中花园之一，离地面 5m、10m 或者 20m

（在装饰艺术展期间建成于“新精神馆”，1925 年）

实一下该为某个被迫发生彼此关联的单元群体做些什么，因为后者可能会有效组成一个需要管理的居民点，就像一个需要管理的酒店、一个需要管理的市镇，——在城市现实中，这样一个团体本身就成了一个明晰、确定、具有限定功能的有机要素，这个要素可以准确地辨别它的需求并找出问题。那就让我们把问题找出来，只要经过研究，我们就会找到某种解决办法，这种解决办法可以满足多种公设：1）自由；2）消遣；3）美观；4）建设经济学；5）经营经济学；6）身体健康；7）必要设施的和谐运转；8）对城市生活的多方参与（交通、生活、治安，等等）。

这就是“封闭的蜂窝状分块建筑”或者“别墅建筑”。[2]

每一份分块房屋的面积：400m × 200m（丝毫不妨碍街道的交错）。外立面背朝街道；正面朝向300m × 120m的公园（约4hm）。无论大院子还是小院子，全都用不着。每套公寓房其实就是一幢两层楼房、一幢带休闲花园的别墅，而且高度随便。这个花园就形成了一个6m高、9m宽、7m深的蜂窝，通过一块15m见方的风斗来通风；蜂窝本身就是进气口；整幢建筑就像一块大海绵，不停地吸纳着新鲜空气：建筑终于可以自由呼吸了。对面的大公园就建在各幢公寓房脚下，公园地下的六块场地直接与房屋相连：一块足球场、两块网球场、三块宽大的游戏场；还有一个场馆用作运动俱乐部，以及宽敞的树木、草坪。街道并非用于汽车通过；它与宽阔的楼梯相连，可以直接通到高处（还有乘人的电梯和装货的电梯），每道楼梯都可以照顾到100—150幢别墅；楼梯还能经由马路上方的空中过道通到不同高度，一直可以达到每幢别墅的门前走廊。而这每一扇房门背后就是：一套别墅；每套别墅都占据着完全一样的体积，而且每一套别墅都完全独立于相邻别墅；空中花园将它们彻底分开了。街道可以途经车库，车库与马路同在一层，还有一部分建在马路下面；每套别墅都有自己的车库。这条马路完全由混凝土修成，只用于轿车的慢行通过；而且这条马路还是一条“天路”（EN L'AIR），与吊脚房屋的地板同高。而重型卡车、公共汽车则在天路下面的“地面”（SUR LA TERRE）行驶，而且卡车可以直接停靠在位于建筑物底层的码头；因此人行道旁永远也不会见到它们像今天堵塞街道并切断人行道的那种碍手碍脚的停车现象。城市干线如今终显自由之态，再也不会有挖路成沟的扒路大军了。房顶上面还有一条1000m长的跑道，居民们可以在纯净的空气中尽情奔跑。房顶上还修了健身房，健身教练每天都让父母们和孩子们做着有用功；还有房顶日光浴场（如今的美国就是用日光浴战胜了结核病）。此外还有用于聚会的客厅，每位居民都可以一年若干次地在这里举办欢乐而盛大的招待会。不再有什么看门人了。代替以往所需的72个乃至144个看门人的，是三班倒的六位雇员，他们夜以继日地监视着房屋、通过电话接待并通报来访者的到来，引导他们乘电梯去到往访各层；电梯分建在六座长达30m的宽敞大厅里，并通达上下两层马路。马路均为单向行驶，而人行道甚至不用穿过街道就可直达住家。

无论平面图还是剖面图都展示出了所有要素的合理划分：这就是通过秩序得到的自由。

严格到家的标准从整体到局部规定得事无巨细；建筑工地的工业化终于有了毫不含糊的用武之地。

而之所以要把这600套公寓房、也就是3000—4000人组合到一个封闭的蜂窝状分块建筑中，目的就是要构成一个团体，以方便管理，通过秩

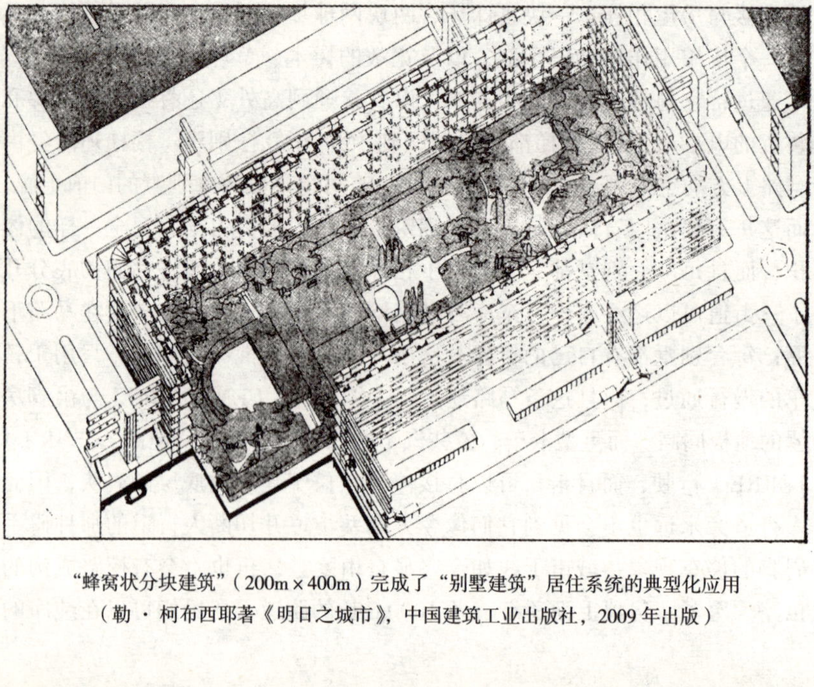

“蜂窝状分块建筑”（200m × 400m）完成了“别墅建筑”居住系统的典型化应用

（勒·柯布西耶著《明日之城市》，中国建筑工业出版社，2009年出版）

序让他们得到自由（6 个楼梯风斗以及 6 个候见大厅对应着分建在 5 层楼面上的 660 套公寓房，这就是巴黎市的现有布局。而如果建成 6 层，就可以容纳 792 套公寓房；建到 7 层，那就是 924 套公寓房）。

别墅建筑的底层就是一座宽大的家政工厂：代购食品、代供餐饮、代做家务、代洗衣服。

如果说我们只看到了高高低低连接马路与各家各户的街道网络，那么，平面图上显示的则是另外一个网络——那是一个垂直的网络——可以从下到上地进入建筑物，把“底层工厂”（LE REZ-DE-CHAUSSEE-USINE）与每套别墅的通行走廊连在一起。蜂窝分块建筑的衣食住行就是通过这个网络组织起来的。

外包机构或者酒店团队保障着烹调与一应家务的正常运转：食品直接从外省购入：肉类、野味、蔬菜、水果；这些东西都被储藏到建在底层的冷库里。比大型食品商店的售价还要便宜 30%—40%。[我问过专业人士，想知道如果大城市的中心菜市场（LES HALLES CENTRALES）采用了这套系统会怎么样？] 果真如此，则厨房随时可以开饭，不管是在蓝色海岸①的豪华旅馆还是在寻常百姓的小家小户。您大可以在半夜散戏后请朋友到家里吃夜宵：一个电话而已；等您到家时，桌子已经摆好，佣人满面春风地为您上菜；他夜里 12 点刚刚接班，一直会干到第二天早上 8 点。一位高级酒店经理、一位真正的专家，再加上一个专业团队，保障并实施着整座建筑里的家政服务。您的家庭卫生由职业保洁人员负责打扫，您也不用再像那个身材瘦小的布列塔尼妇人那样顶着一脑门子火儿去擦地。如果说所有服务都可以完全由酒店团队代劳——如您所愿——那么您大可以在您家里、在您精心布置的别墅里，请上一位“家庭”（DE FAMILLE）佣人为您做饭，帮您看孩子。而您一旦住到这样的别墅建筑里，就可以一劳永逸地解决佣人带来的麻烦，这对您的家庭平静绝非小可之事；您将通过秩序获得自由。

在当今城市现实中，所有事情都杂乱无章，所有事情都各自为政，没有一件事具有合理规划。如果能够合理规划，如果能够建立秩序，那么，我们就会尝到自由的从容快乐。家庭生活就会充满祥和；无所不能的老顽童单身汉也将不再需要事必躬亲。

---

① LA COTE D'AZUR，法国南部的地中海沿岸。——译者注

别墅建筑的一个典型性外立面（1922 年）

注：

1. 我之所以说成“巴黎人”，是因为那些比方说自立了蒙马特尔共和国①的巴黎人其实都是逆来顺受的（还特别谄媚！）；他就住在潮湿的老式石头房子里；没有浴室，洗脸池上也没有自来水龙头，因为装水龙头是不太可能的；楼梯暗无天日，厨房“已经登上记了”（EN MEMOIRE），电说停就停；他只能用煤球取暖，脸已经烤得生疼，后背还是冰凉的，而且满屋子熏得漆黑。但他却能在自家窗户上为小燕子营造出个家园；对面那家尽管也像他们家一样破破烂烂，但窗户上却装着漂亮的老式铁艺支架，等等。就这样他还能拥有令人羡慕的达观心态。可爱的巴黎为他展示了大千世界的五彩缤纷；他有意很晚才回家，以减轻在家里缺乏舒适的痛苦。虽然没有舒适可言，但巴黎人却毫无怨言，凡事都往好处想，觉得这样的日子已经“满不错了”（EPATANT）：感觉自己就是一个自由自在的人；自由无时无刻不写满着大小报纸，自由也随时随地被各种“杂志”（REVUES）讴歌着。这是一种民生状态。这也是一种人生哲学：“都挺好！挺自由的”（TOUT VA BIEN ！ ON EST LIBRE）：只有塞纳河才是真正自由的，它每年都要溢出河床；淹上他几千个良民。是都挺好，是挺自由的，塞纳河也一样！别的也都挺好，甭管什么。可是还有另外一种巴黎人，住着崭新豪宅的巴黎人，他们的豪宅紧邻宽敞的大街，里面装着电梯、配着浴室，楼梯上还铺着地毯。这种人可不属于残垣摇摇欲坠、铸铁老朽不堪的“老巴黎”（VIEUX PARIS）。报纸杂志也为他这样的人树立了巴黎式自由“真好”（TANT MIEUX）的信仰。

2. 1922 年的秋季展展出了最早的研究成果，该成果还同时发表在《走向新建筑》的第一版上。

---

① LA REPUBLIQUE MONTMARTRE，成立于 1920 年的慈善机构，旨在反对现代思想对艺术的侵袭。——译者注

新精神

解读当代行为的国际性杂志

《新精神》杂志的董事会和领导层

"G·瓦赞"飞机制造公司（汽车部分）

来自波尔多市的亨利·弗吕日先生

建筑师勒·柯布西耶与皮埃尔·让纳雷

恭请您于7月10日16：00光临新精神馆开业仪式，仪式将由法国教育与艺术部长德·蒙奇①先生主持。

新精神馆致力于居住条件的改革（改造格局，推行标准化与工业化）。馆内包括一个完整的带有空中花园的"别墅建筑"单元，以及乔治·布拉克②、胡安·格里斯③、夏尔·爱德华·让纳雷④、费尔南德·莱热⑤、雅克·里普希茨、阿梅代·奥占方、巴勃罗·毕加索的绘画作品。

各大都市的城市规划将以一座300万居民的当代城市的透景画形式来展现，并以"瓦赞"（VOISIN）巴黎平面图为主（巴黎市中心的布局）。

新精神馆坐落在位于大王宫两翼之间的花园之中，靠近王后大道（COURS LA REINE，位于巴黎第8区），就在高级专员署（HAUT COMMISSARIAT）楼后。

这座新精神馆也是整个展览中最为隐蔽的场所。

本请柬可用作入场券，请从位于亚历山大三世大道⑥上的贵宾入口进入。

1925年7月10日国际现代装饰艺术展览会暨

新精神馆开业仪式

① DE MONZIE，1876—1947年，法国政治家、第三共和国内阁成员。——译者注
② GEORGES BRAQUE，1882—1963年，法国画家。——译者注
③ JUAN GRIS，1887—1927年，西班牙立体派画家。——译者注
④ CHARLES EDOURD JEANNERET，勒·柯布西耶原名。——译者注
⑤ FRENAND LEGER，1881—1955年，法国画家。——译者注
⑥ AVENUE ALEXANDRE III，位于巴黎第7区。——译者注

电话
44—27
爱丽舍 40—88
40—87

新精神
杂志

解读当代行为的国际性画报杂志

法国每期：6 法郎
外国每期：7.5 法郎
法国订阅：70 法郎
外国订阅：80 法郎

塞弗尔街道①35 号
巴黎（第 8 区）

日期

1925 年国际装饰艺术展览会

"新精神馆"
股份有限公司
解读当代行为的国际性杂志

位置：大王宫花园，王后大道

此馆原样复制了即将于 1925 年底在巴黎兴建的一幢庞大租赁建筑的众多单元之一。

此馆将完全用于展示。

此馆自身便形成了一幢别墅，展览结束后，这幢别墅几乎所有设计成可拆或可运的要素都要放到巴黎的郊区去。

此馆以一种动人的手法展示了各种彻底的转变，这些转变将被用于建筑物的设计与建造手段；这个馆就是《新精神》杂志及其出版物所述理论的客观写照。

此馆将在展览其间拍卖出售。

根据此前协议，所有参与拍卖者都将提供无偿援助，也就是说，他们要向"新精神"公司免费提供并舍弃为参与拍卖所支付的一切费用。

① RUE DE SEVRES，穿过巴黎第 6、第 7 和第 15 区的一条主要街道。——译者注

电话 44—27 爱丽舍 40—88 40—87

新精神
杂志
解读当代行为的国际性画报杂志

法国每期：6法郎
外国每期：7.5法郎
法国订阅：70法郎
外国订阅：80法郎

塞弗尔街道35号
巴黎（第8区）

日期

1925年装饰艺术展览会

“新精神馆”
股份有限公司
解读当代行为的国际性杂志

位置：大王宫花园，王后大道

汽车业的发展引起了大城市的交通危机。

“汽车杀死了大城市。”（L’AUTOMOBILE A TUE LA GRANDE VILLE.）

如果汽车对它给大城市中心所带来的转变仍然满不在乎，那么汽车工业就将濒于破产，一言以蔽之，必须做到：

“让汽车业去拯救大城市。”（L’AUTOMOBILE DOIT SAUVER LA GRANDE VILLE.）

除了所附清单中罗列的有关建筑工地工业化与标准化的问题之外，“新精神馆”将展示的是一个300万人口大城市的都市化以及巴黎市中心的都市化问题。

老迈的巴黎市中心已经腐朽；在不改变街道网络的前提下，我们每天都要零敲碎打地修修补补；现在到了研究巴黎基本平面图的时候了，这是真正的当务之急、百年大计，需要长远的眼光、敬业的精神和最为精益求精的严谨作风，以满足人们的急需。“新精神”公司就对巴黎的平面图作了深入研究。

我们向蒙日尔蒙先生提出了这样一个问题：

“瓦赞公司是否愿意为巴黎赞助‘瓦赞巴黎平面图’（PLAN VOISIN DE PARIS）？”

我们的建议就是让瓦赞公司独家冠名巴黎的平面图项目，并以“瓦赞巴黎平面图”之名予以展出。

“新精神”公司董事局主席夏尔 · 爱德华 · 让纳雷先生的致辞

部长先生，女士们，先生们：

我们怀着极大的荣幸向德 · 蒙奇先生表示敬意和感谢，感谢他以部长的身份、以对艺术事业的热爱大驾光临我们的这场活动。“新精神馆”昭示的是我们不顾历史重压对真理展开的一种坚忍而执著的追求；而我们对这个真理已经了然于胸；当此危难时刻，这个真理正在崭露头角、拨乱反正。

我们还要感谢展览公司高级专员费尔南德 · 大卫（FERNAND DAVID）先生；他在我们公司最为危急的时刻慷慨而仁慈地赐予了我们一方宝地，因为我们曾经拥有的土地被粗暴地夺走了；他也因此让我们得偿所愿。

我们还要感谢瓦赞汽车制造公司，以及公司领导加布里埃尔 · 瓦赞和蒙日尔蒙先生，作为真正热爱生活并讲求和谐的新型人类，他们不仅专精于高级机械制造，而且以积极主动的姿态顺应了孕育与萌芽中的新生事物，完成了公司的机械化转型，这是所谓时代进步的大势所趋，他们接受了命运的挑战，构筑了新的平衡机制。

我们还要感谢波尔多市的著名企业家亨利 · 弗吕日先生，他以毫不利己、专门利人的无私热心率先为我们慷慨解囊，从而让我们的“新精神馆”顺利完成了奠基工程。而“新精神馆”的那块奠基石实际上就是在早春二月的冷雨中拔地而起的 37 根钢筋混凝土地桩，但这 37 根地桩在长出地面后就停止了生长，而且一停就是 6 个星期，不再是茁壮成长的嫩芽，而成了令人沮丧的废墟。因为它和我们都遇到了麻烦：缺钱，那是落在一群试图不以赢利为目的而完成一件作品的建设者头上的算计和背弃。然而，我们不再计较。

我们还要感谢“新精神”公司的全体股东，面临当前曾引发 1920 年危机的严重过剩局面，他们依然对我们的构思充满信心，从而让我们顺利推出了《新精神》杂志；承蒙他们的支持，我们终于站到了起点，而四处种下覆灭祸根的连续危机再也不能奈何我们了。

我们还要衷心感谢这座场馆的所有合作者和建设者，以及各位企业家和工地主管，他们是：

苏梅尔（SUMMER）先生、德古尔（DECOURT）先生、柴伊夫（TCHAIEFF）先生、鲁曼（RUHLMANN）和洛朗（LAURENT）先生、布法莱（BOUFFERET）先生、赛梅尔舍因（SELMERSHEIM）和蒙泰尔（MONTEIL）先生、弗洛斯蒂埃（FORESTIER）先生、夏利埃（CHALIER）先生、莫泰（MOTTE）先生、洛宝利特（L'EUBOLITHE）先生、百利夫－夏达波－茹多（BAILLIF-CHADAPAUX-JOUDAUX）先生、帕斯基埃（PASQUIER）先生、波尔舍（PORCHER）公司、焊管建造公司。如果有所遗漏，敬请各位原谅。他们精诚合作，不要或少要报酬地共同完成了各自的任务。我们对他们说：在所有当代行为中，只有建筑还没有实现工业化；你们是否愿意与我们一起寻找解决办法？对我们而言，我们要建立的是建筑领域的各项标准。你们这些其他领域的工业家们通常都会通过实施泰罗制而不是改变陈旧设计、通过持续提高劳动效率和劳动强度来创造业绩，而用这种方法生产出来的产品虽然为数众多但却难逃淘汰命运。而我们是建筑师，也就是需要了解建筑物未来、掌握建筑物变化的人，我们将给予你们以新精神的生产模式。这些企业家（只是众多听我们苦口婆心之人当中的极少数）终于接受了。

这座建筑里的所有东西见证的只是我们的初步尝试。没有或几乎没有哪一样可以视为真正的工业化产品。我们的任务才刚刚开始。工业只应对那些完美无缺的、具有灵活而明确机制的产品实施工业化；我们认为，这座场馆已经并还将让少数人睁大眼睛关注到这一点。

还要感谢各位著名的画家同志，他们不愧是忠实、高超、公正的艺术表现先驱！他们是：毕加索、布拉克、莱热、奥占方、里普希茨、格里斯。

如果说在建筑领域，我始终认为它应该满足我们的舒适需求（成为真正的可居住装置），那么，远为重要而且尤为重要的一点就是，它可以赋予我们某种让人快乐的状态，那是一种因纯粹比例而生的感动，一种找到复杂方程完美解法的兴奋，我一直坚信绘画与雕塑都是人类灵魂不灭的表现；而且，固定在画框里的现代油画就像最美的书籍一样，会生发出一种由全新要素和主要感情成分的复苏而磨砺出来的感悟。

部长先生，早在1920年，我与奥占方和保罗·德尔梅创建《新精神》杂志时，我们就有了一项规划，我们就已经感觉到，在一个令某些人恐慌、令某些人激动的时代的纷乱外表下，我们可以找到一种新精神，那是一种由明确理念指引的建设性和集大成精神。

5 年时间里，我们克服重重困难，出版了 28 期杂志：它们带着我们的想法走出国门，走向世界，唤起了许多所见略同的共鸣。俄罗斯、波兰、瑞士、捷克斯洛伐克、英格兰、德国、意大利、西班牙、南美洲，等等……国外已经习惯于通过法国的艺术以及由“新精神”之柱所体现的部分思想来评价法国的所有行为。而在法国，我们刚刚确认了一种崭新精神的破壳出世。

今天，我们基于新的想法建立了这个新的场馆。《新精神》杂志已经步入成年（对一份杂志来说，5 岁已经是很大的年龄了），打算不再作为期刊发行。既已不再年轻，就不想再啰嗦下去、重复下去。更年轻的人会拥有更年轻的思想。而我们这些人只会在感到健康的建筑方法已经明确形成的时候才会偶露峥嵘。我们打算采取的这种新方法比一本杂志更加持久，这就是诸位今天所看到的由格莱斯出版社出版的“新精神丛书”中的四本书上的内容：《走向新建筑》、《今日的装饰艺术》（L'ART DECORATIF D'AUJOURD'HUI）*、《现代绘画》（LA PEINTURE MODERNE）、《明日之城市》（URBANISME）*。

在这次国际装饰艺术展览会上，我们的参与顺理成章地成为建筑界的一件大事。我们不相信装饰艺术，理由已经在我们的书面作品中详加阐述。我们认为，装饰艺术是乱世中冒出的泡沫，终究会有破灭的一天。说实话，装饰艺术只是一种借口，它可以让这个新型社会在感情用事的争辩中打造出一种有可能给肉体和心灵带来实实在在满足感的理想温床。在装饰的借口下，建筑学实际上正在躁动不已。今天，建筑学再次异军突起，因为它已经摒弃了装饰艺术。

所以我们的场馆是建筑场馆而非装饰艺术场馆；它也因为这一严格界定而具备了一种反装饰艺术的姿态。

我们向自己提出的就是关于居住的问题，就是关于普通房屋的问题，而不是关于金碧辉煌的宫殿的问题。我们把单元隔绝开来，并长期致力于研究单一结构、可居住结构的建设之道。

在超级大都市的一片混沌中，社会个体全都蛰居在极不适宜的住所当中。可怕的是他们对此毫无意识或者毫不在意。如果现代生活不能做到有

---

* 中文版均已由中国建筑工业出版社于 2009 年出版。——编者注

条不紊，那么我们就都成了生活的奴隶。而我们有权利享受足够平衡的生活。必须把可居住单元的形态固定下来。

这种群居于大城市的单元完全是在自我发展中渐渐成形的；我们所追踪的就是这样的发展，直到找出这种发展所能导致的最精确的结果。因此，我们便涉及了街道与城市的诸多问题。

在设计陈旧的大城市里，全新的机械化社会生活几近崩溃，而社会加速因子根本就不存在。城市在腐烂，城市在死亡。

有一天，我们把这个难题提给了瓦赞汽车公司："鉴于汽车杀死了城市，所以就应该由汽车来拯救城市。你们是否愿意赞助一下有关城市平面图的研究项目呢？"必须建立符合我们全新生活姿态的全新城市。可我们有力量、有勇气建立这样的新城市吗？实际上我们手段俱备；我们既有技术手段也有财务手段。

通过城市的重建，我们可以摆脱混沌，合理合法地拥有一片生活新天地，让我们的身体摆脱疲倦与衰退。让我们的心灵为之自豪。但如果我们知道如何深入问题内部并追本穷源，我们就会看到，通过对大城市中心土地以一当十的利用，我们就可以以意志明确的行动聚起一笔不可估量的财富宝藏。

部长先生，有您作为我们推广"新精神馆"和介绍"瓦赞巴黎中心平面图"的第一人，我深感荣幸。

德 · 蒙奇先生

就在刚才，德 · 蒙奇先生走进了“新精神馆”，来到了200名来宾中间。他不仅巡视了我们的各种设施，而且饶有兴致地对这些设施一一进行了询问和查看。此时此刻，他正背靠当代都市透景画的栏杆，面向瓦赞巴黎平面图，倾听着我们的敬意。

随后，他向我们全体人员发表了讲话。不是照本宣科的简短致辞，而是即兴而作的长篇报告，报告充斥着对那些曾经帮助过我们的人士的关切，充满着对我们所述思想的理解。他对我们的规划了如指掌：包括建筑单元及其所在位置、组合方式，以及与那个悲壮方程式的结合，因为这个方程式就是一个无所不包的整体，而它与压抑我们的社会混沌的对照就是一件悲壮的事。它在我们想到将其纳入我们理论体系并化作我们近期行动时尤其显得悲壮。他赞同我们的大胆，赞同我们对可怕的裹足不前的个别思想的强力超越。指着瓦赞巴黎平面图，他对我们说：“要知道，你们这些发明家应该走出你们的象牙塔，抛弃你们对当局的不信任；你们应该冲破你们封闭的小圈子，走到我们这边来。我们，我们在等着检视你们的方案，看看你们的方案是否能满足公众的利益需求。我们就是来帮助你们的……”

这位部长现在又说起了有关城市规划的事宜；我们就位于装饰艺术展的边缘；在我们这里没有什么装饰艺术。在这个宽敞的大厅里，到处都是城市的画面，是局部与整体、分析与归纳的各种草案以及将其应用于鲜活城市的实施方案，是我们辛勤劳动的结晶。这位部长说道：“我要以部长的名义、以国家代表的名义发表我的观点。”而我们，直到开业仪式开始的那一分钟，还在受到国家部门的干扰……

于是，在短暂的希望之光中，我们觉得终于可以驱走那种不健康的怀疑心态了，我们自问：如果我们放下那些以子之矛陷子之盾的武器，如果我们始终致力于寻找无关人类及其处境、无关其“既得”（ACQUISES）能力的一种真实，那我们还有什么样的宏伟目标不能实现呢？我们这个世纪不正是处在将思想融入手段的接合点，不正是一个靠理想拯救一切、靠理想让我们摆脱当下沮丧的世纪吗？前进吧……

仅仅一天的开业仪式就让我们获得了如此的前进动力。

然而，这位身穿灰衣、头戴软帽的部长，这位我虽然对其一无所知、但却以精致和极其流畅的语言建立起一种高效合作思想的国家干部，让我想到的是一个喜欢把大家组织起来、喜欢踏实工作的人。

在他的右手边，就是庞大的瓦赞巴黎平面图，中间是一块巨大的几何形展示板，那就是巴黎市中心的整治方案；旁边标满了黑色的粗线：标出了荣军院①、战神广场②、星形广场③、卢森堡公园；用红色框出的，则是将被保留的巴黎历史名胜。

正是在这个精确的几何体内，我们再现了巴黎自古以来的顽强抗争。为了留存下来，巴黎是毁了又建，以民众的合力抵御着权贵的个人私欲。

有一段时间，部长的讲话让我略微有些陶醉，到了忘我的程度，于是就想起了一个人：柯尔贝尔④。

小酌时分

承蒙让·科克托⑤的一番美言，我情不自禁的思绪在开始小酌的香槟杯中得到了冰释，这些香槟都是十分慷慨的“屋顶之牛”⑥老板莫伊斯（MOYSE）先生送来的。此时此刻，大厅里洋溢着喜悦气氛，令人舒畅。

到黄昏时分，雅克·爱弥尔·博朗士先生不期而至，我们的邀请不幸没能送抵他本人。几天来，他一直在展览会的林林总总中找寻着真善美。

来宾陆续离开了场馆；当然来的没有普通公众：他们怎么能想到，在那么多的建筑物后面居然还会有这样一个场馆呢？因此场馆还算平静。

所以，基于博朗士先生的真情，再加上现场冰冷的金丝线、冰冷的油漆和冰冷的大理石，我们的“炙手可热”（LAIT DE CHAUD）终于冷却了下来。打火几近痛苦，离合更要踩得格外小心。我们的场馆在1925年的装饰艺术热衷很可能有点鹤立鸡群。就连那么睿智、那么彬彬有礼的博朗士先生也为之愕然。我们自有我们的道理。啊，这就是我们的规划所要达到的效果。可这里除了仅有的“装饰艺术”（ART DECORATIF）之外还有别的东西吗？

---

① LES INVALIDES，位于巴黎第7区，始建于1679年。——译者注
② LE CHAMPS DE MARS，位于巴黎第7区，始建于1765年。——译者注
③ ETOILE，后改名为戴高乐广场，位于巴黎第8区，始建于1892年。——译者注
④ COLBERT，1619—1683年，法国政治家、法王路易十四的财政总监。——译者注
⑤ JEAN COCTEAU，1889—1963年，法国作家、艺术家、电影导演。——译者注
⑥ LE BOEUF SUR LE TOIT，巴黎著名餐馆。——译者注

作为工具的房屋

有了作为工具的房屋，有了可供居住的装置，还算不上建筑学。还不够。

而如果房屋不是工具、不是装置，那也不会有建筑学今天的有效参与。

将“建筑学”（L'ARCHITECTURE）简单地置于一个可居住装置或者一个漂亮的构造（可携带装置）之上，或者把“建筑学”“涂”（ENDUIRE）到一种工具或者一具骨架的外表，那都是对建筑学理解的一种流产。

既然已经完成或让人完成了工程师（创造性）的工作，我们就不能再从书本或者从今天的时尚中、从古老或者现代的“建筑图案”（MOTIFS D'ARCHITECTURE）中简单照搬，然后万事大吉地告诉别人：现在我干完了。我已经“完成”（COMPLETE）了我的任务：我已经满足了舒适的需求，保证了精神享受，填补了心灵空白。

房屋是由满足我们功能需求的“物品”（OBJETS）做成的。这些功能是不变的，这些物品也是不变的，虽然如此，但它们还是要在通往房屋工具无限完美化的道路上排成“序列”（A LA SUITE）。我们这才可以专注于某一时期内机械标准的建立（门、窗、结构、尺码，等等，以及采暖、通风，等等）。但这些物品最终均要达到产生自其同步性的某种功效。它们的组成方式、它们的关联方式满足的是特例需求，引起的是特例感受。这时用到的才是建筑学的组合：这些物品构成了特例、准确、因人而异的意图的有机载体，而这样的意图则是根据居住个体对布局、对连接、对灵动如语言的构造关联所产生的感受形成的。这才是建筑学的语言。一种诗一般的语言，不容分说打动别人的语言。

无须再作任何锦上添花，一切“尽在其中”（EST DEDANS）。建筑学“用不着锦上添花”（S' AJOUTE PAS）。它存在于房屋的特例秩序品质之中，这种秩序品质已经被我们烙在了房屋的物品组成模式里。

装饰艺术展览会建筑评委会副主席奥古斯都·佩雷对“新精神馆”说过这样的话：“这里根本就没有建筑学”（IL N' Y A PAS LA D' ARCHITECTURE），他想借此表明，是时候满足理性的需求了。我们必须“赶紧把建筑学纳入其中”（DE VENIR METTRE DE L' ARCHITECTURE）。

对他来说，建筑学的意图应该由“建筑学线性装饰”（LIGNES ARCHITECTURALES）的体现来予以突出。而我认为，建筑学的力量，（建筑学的潜力）是包括在某种精神当中的，而这种精神则牢固地建立了房屋组成要素的秩序——要让建筑学“尽情释放”（EMANC），而不是为它穿衣戴帽；它不是一件华服，它更像一种味道，不是徒有其表的外在形式，而是“一种合力状态”（UN ETAT D’AGREGATION）[1]。

注：

1. 鉴于奥古斯都 · 佩雷充当的是清道夫和“整合者”（D’AGREGATEUR）的可敬角色，所以他实际上是更加赞同在其建筑作品中表现这种合力状态的，他的建筑作品恰恰剥离了他所说的那种“建筑学”，可是他正打算把这种“建筑学”赋予他的建筑作品。但其建筑作品的另一方面、就是最近表现出来的一个方面，则略微折射出其趋于辉煌风格的审美思想：对直至目前十分规则的比例所作的十分剧烈的非比例化处理（因使用钢筋混凝土而获得的非比例）几乎可以只为建筑赋予某种勉强的原创性。而我们则认为，就算是以十分优雅的方式，也不可能与旧有形态再有什么交往，而守住传统路线的目的恰恰就在于不涉及任何旧有形态，在于向前看（也就是说以某种审美风格建立全新手段）而不是向后看（也就是说通过外在细节将新式创意与古典风格结合起来）。

正面视图[1]

新精神馆

（此馆由勒 · 柯布西耶和皮埃尔 · 让纳雷设计并建造）

“新精神馆”全部由标准要素建设而成。

注：

1. “新精神馆”位于展览会最隐蔽的那部分展区；它本身又被其他展馆完全挡住，而且这些展馆还将其与“王后大道”彻底隔绝开来。因此，很多巴黎人和外国人都找不到它。我们担心他们是否能看清周围展馆平面路线图上的说明，尽管这些说明肯定会一看就明白。

* * *

它所采用的是一项如此关系重大的规划，可以让它一一审视各种与装饰艺术、建筑学和城市规划有关的问题实质。

这个规划就是一个无所不包的整体；它表达的是当下的思想。同样，我们不顾展览会建筑管理部门的禁令，顶住狂风暴雨将场馆付诸实施。

* * *

关于建筑学——如果没有标准化，就不可能有工业化；最终，也就没有有效组织的建筑工地，没有支付建筑造价的财政措施，没有应对房价危机的解决办法。

没有标准化，当代建筑学就会始终处于空想阶段、处于纷乱的思想阶段、处于支离破碎的构想阶段。标准代表的是可以达得到的改变、可以行得通的要素选择，以及沿着明确方向走向完美的决断。

我们的建筑物由包括 37 根混凝土地桩的地基组成，每根地桩的一向间距是 2.5m，另一向间距是 3m。这样一来，构成 3 层楼板的工字梁也全都间隔 3m，它们已全部在开工之前完成了批量化生产。

窗户则是若干年心血的结晶（这本年鉴的每一次再版展示的都是“条形窗”的使用及其在渐趋精确且似乎越来越与人类身材相符的尺寸间不断改进的尺码规格）。这些窗户的基础要素就是由体现钢筋混凝土楼板经济学体系的支柱间距所通常给出的 5m 跨度。低于 5m 的跨度约数分别为它的一半和四分之一，其所给出的窗户要素可用来提供有限采光，就像越大的窗户采光度越高一样。在“新精神馆”内，我们还推出了一种我们觉得完全行得通的窗户模式。那就是用于建造波尔多“弗吕日现代街区”的那种窗户。窗框在工厂就被事先取走，运往了波尔多……并将在当地的建筑中营造一种别具一格的风采。

窗户的工业化制作始终是一个整体问题。而我们，我们提出了如何界定一扇现代窗户尺寸的问题，并且同时提出了有关的机械问题（可同时参看本书“对企业家的呼唤”一节）。

我们还确定了各种房门的尺码：厕所门、壁橱门等等，以及小过道的门；还有更大些的卧室通道门，以及双层门。这些房门的尺码随着我们

在这张合作伙伴清单中还要加上：位于上瓦兹省（SUR OISE）艾卜雷①市的焊管建造公司

的研究而日趋精确；此外，历史经验以及游轮和轮式交通工具的现代化制造经验也给我们的房门研究提供了不少启迪。

一扇房门只是人的一个出入口，仅此而已。所以房门涉及的就是其尺

① HERBLAY，法国中部市镇。——译者注

码是否必要或是否足够的问题，在工业领域的数千种产品中，我们有理由认定，房门也是可以理所当然地达到标准尺码的众多要素之一，比如说，就像信纸一样。设想一下，如果房门不够标准，那么有很多家具可能就进不了房间了。

一扇房门就是人的一个出入口。最理想的门应该开关迅捷，并且有着照相机快门般的密闭性。用木头做出经久耐用的房门绝非没有可能，而且正相反。而用压制或轧制的金属材料则可以做出将门框嵌入墙壁或隔断的密闭性标准门，就像我们曾在欧特伊做过的那样（见此前所示胶片）。

直到目前，房门都是木制的，门框与门板的组装质量决定着其坚固程度；自然，门框都装饰着线脚；还要再加上“大框”（GRAND CADRE）线脚，门板也要加上平拱线脚。如此一来，房门就免不了变得十分抢眼：结果就是，它被放到了优先地位、放到了轴心地位，等等。

“你们还是去做带金属门框的金属门吧。”（FAITES LA PORTE METALLIQUE AVEC HUISSERIE METALLIQUE）金属门没那么抢眼，要是

从门厅看室内。右侧是楼梯扶手。通过打开的屋门可以看到“别墅建筑”式花园

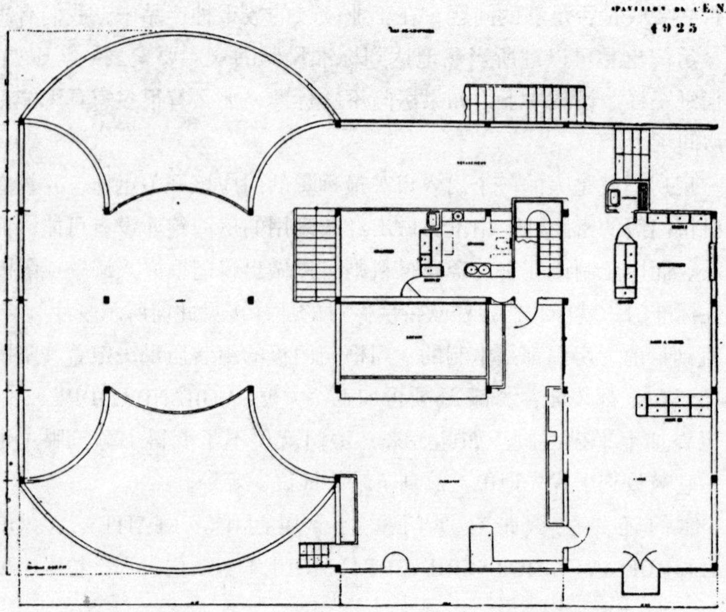

扩建规划　　一个别墅建筑单元

底层平面图

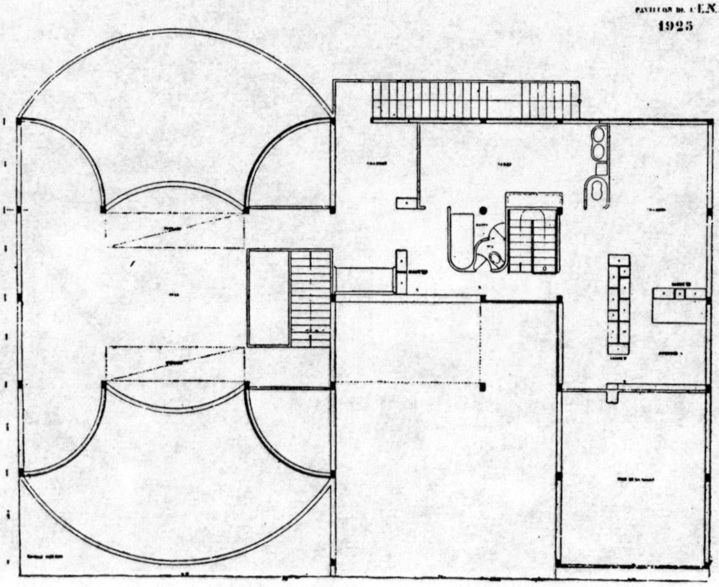

扩建规划　　一个别墅建筑单元

楼层

愿意，你们还可以在建筑过程中消除对房门的传统约束：把房门做得视而不见；它的开关就是为了人的出入，它的作用仅此而已。你们最好能在一面墙上用护条贴出一扇线脚装饰门来。房门的自动消失不啻于审美领域与居住建筑学中的重大革新。

我们还曾提出过安装焊管结构金属楼梯的建议，这样可以在楼梯栏杆处留出足够空隙，最终的效果是空间感的提升。此外，还可以让楼梯上的热空气和冷空气达到自下而上的正常对流（这是一个十分重要的问题）。我们甚至准备把楼梯管架用作可以提供循环热水的供暖设施。

作为热水供暖方案，我们曾提出过适用于某些情况的可行建议，即使用垂直管材结构，这也是在工业区的供暖方案中号称最经济的解决办法；我们觉得现在的散热装置还远未达到其最终的理想形态。

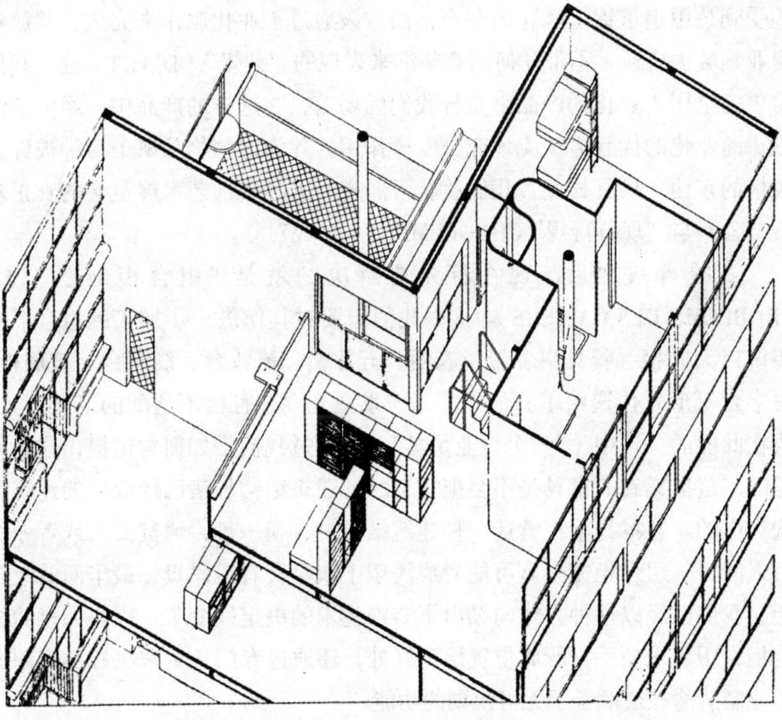

场馆或别墅建筑的轴测图

在对人体尺码进行长期研究所获得模式的种种应用方案中，我们肯定绝不会把建筑做成千人一面，但会做成一种统一体，因为这是建筑学最关键的基础。

可以肯定，面对我们大量刷在四处墙壁上的各种变化丰富的油漆时，参观“新精神馆”的人没有一个表示过惊讶，正是这些油漆衬托着这座中规中矩地植根于地桩之上的场馆。

关于装饰艺术——换言之就是家私。我 1924 年就对标准家具谈过我的看法 [见格莱斯出版社出版的《今日的装饰艺术》(中文版由中国建筑工业出版社于 2009 年出版——编者注) 之“标准需求——标准家具”(BESOIN-TYPE —— MEUBLE-TYPE)]。在这个“一切可能都是特例”(TOUT SERAIT PARTICULIER) 而且“任何东西可能都不标准”(RIEN NE SERAIT TYPE) 的国际装饰艺术展览会上，我们应该力争达到一种标准化的家私要素格局，这些标准化要素不应该用于艺术展览，也不应该用于那些受到怂恿追求锦上添花的公众，而应该通过工业化制作来完成，并放到商业领域去流通，不带任何刻意装饰来表现的“艺术”(D’ART) 性。我们希望完全用工业化的产品来布置我们的场馆，在这样的产品中，经济学法则、商业化的优胜劣汰应该充分发挥作用，并为这些物品赋予一种被称为风格的东西。果真如此，我们就有可能成为国际装饰艺术展览会的真正基石，公然与“现行行规”(REGLEMENT) 形成对立。

一减再减之后，现在首先要解决的就是“组合柜问题”(LE PROBLEME DES CASIERS)。这些我们想要对其作进一步加工的组合柜被传统以大衣柜、餐具桌、带镜衣橱、五斗橱、梳妆台、酒菜台、玻璃柜、写字台等形式传递给了我们。都是一堆鱼龙混杂且极不适配的老式用具。我在此前的一章中（“一个行业足矣”）讲到过我们是如何尝试提出这个问题的。这里提到的家具是不会把它自己的建筑结构加诸已经成形的建筑结构当中的。它本身就在营造一种建筑结构。有朝一日，清贫文人或者赤贫穷人的简陋组合柜完全有可能变成渴望丰衣足食者最昂贵、最华丽的组合柜。我们已经以这种方式勾勒出了装饰艺术的决定性变革：称心如意的组合柜，用起来顺手，所放位置恰到好处，还通过专门负责解决标准问题的工业制造途径被赋予了无可挑剔的功能。

我们往“新精神馆”、一如往我们的私宅和我们窄小的女工房间里放进了简陋的、用蒸汽干燥木材制作的托耐特[1]木椅，它绝对是那种最普通又最便宜的扶手椅。而我们相信，就是这种扶手椅、这种以几百万张的数量装备了我们欧洲以及南北美洲众多家庭的扶手椅，却带有一种高贵的气质，它的简单恰恰是可能与人体和谐相触的各种合适形状的集中表现。

我们用大型百货商店里的那种排灯进行照明，用这样的灯具要素，我们又做出了富于情调的壁灯。

我们本来很想再展示一些漂亮的马普勒斯[2]真皮家具。可惜这样的扶手椅无法搬进只有 70cm 宽的大门。我们于是就自己设计了一种能满足现场条件的扶手椅。

我们还创作了尺码完全符合搭配法则的各种桌子，既不同于普通餐桌，也不同于会议桌。我们把它做成了能从一个房间轻易搬到另一个房间的便捷形状。它就是一种做工精致的胶合板移动平台、或者是结实轻巧的金属支架。这样的桌子完全可以用作写字台或者茶具桌：把它们拼在一起，就可以上菜开宴了。

参见第 155 页“坛坛罐罐”（DES POTS），

以及第 158 页“装饰性地毯”（DES TAPIS DECORATIFS）。

再说油画。我们在墙壁上挂上了毕加索、布拉克、莱热、格里斯、奥占方、让纳雷等人的油画，并在墙根处摆上了里普希茨的雕塑；还有镶在画框里、立在支架上的油画和单摆浮搁的雕像，后者均未依墙而放。现时现刻，我们还算不上是壁画、框饰和排挡间饰的爱好者。最好不要把绘画和雕塑作品弄成某种“预约创作”（COMMANDE），而应该把它们当成想像力的直接产品。我们希望营造这样一种建筑场合，让那些具有高度感动潜力的作品、那些放射出思想与激情的浓烈而震撼的作品在这个场合里各得其所。所以我们才让它们远离墙壁，让它们不受任何局限地尽情释放自己的影响（关于这一主题，请参见由格莱斯出版社出版并在展览会上发行的奥占方和让纳雷所著《现代绘画》）。

我们一直在研究场馆的色彩效果，以充分体现出基于我们建筑学研究的照明意图。钢筋混凝土结构为现场赋予了一种清新的自由气氛；建筑主

---

① THONET，1796—1871 年，德国高级木器设计师、企业家。——译者注

② MAPLES，英国著名家具制造公司。——译者注

上楼所见

体也因此摆脱了隔壁那些封闭房间的影响。墙壁的彩饰色调依全亮或半明半暗的照明度而营造出不同的现场空间视觉效果并可伸展出更多的空间想像：如红色只能在全亮的光线下保持其质感，蓝色在半明半暗中会产生摇曳感，等等：这就是色彩的物理性状。人们看到这些颜色的生理感觉也是：红色、蓝色、黄色，等等，而且是十分鲜明的感觉。对于阴影、半明半暗、全亮的光线感觉：同上。因此，我们就可以在此基础上以十分富于建筑性的手法对其进行大胆组合。“炙手可热”的心态开始因这面暗墙（阴影中的火红色或自然色）、因这堵热墙（赭石色）、因这堵逃避视线的墙（摇曳的蓝色等）而闪烁不已。

如果是全白的房子就成了奶油罐了。

不管在哪里，我们手里的物质都是最为匮乏的。不是因为我们欲壑难填，而是因为我们兜里没钱。“新精神馆”无疑是展览会上最为寒酸的一个馆。除此之外，我们对它的一切都感到心醉神迷，因为我们的解决方法并未被各种人为技巧所掩盖。而且“新精神馆”很可能也是惟一一个“既无金也无银”（SANS OR，NI ARGENT，既未包金也未裹银）的场馆。

光线就是建筑的秩序维护者。它同样也代表着人类的愉悦感(就是这样)。它属于所有人（法律上）。就像阳光属于所有人。再有钱也不可能将其据为己有；阳光属于全人类（都这么说）；而且，因为向往阳光，所以就要做出城市规划。光线影响着城市规划问题，但在此之前，它首先影响的是住宅。

经历了20年来的各种喜悦——由机器带来的各种喜悦与希望——以及出自激动之手的装饰所带来的失望之后，我们继续向前，并且命里注定地终于走到了家具、住宅以及居住场所所有机械和感觉机体的标准化。这种细致入微和持之以恒的研究要求我们随时随地关注城市规划、面向符合群体利益的社会个体需求、面向在包含个体的群体框架内的个体解决方案。

关于城市规划——这种耐心细致的研究把我们引入了城市规划。从根本上说，城市规划不是别的，就是来自社会个体的无数细枝末节：这些细节就是数百万社会个体的个别和个人举止。那么，约束这些可能让我们乱麻缠身的举止的良好公共规则究竟何在呢?

城市规划只有在“建筑单元”（LA CELLULE，人类的蜗牛壳）符合每一分钟和每一个人的绝对需求时才能行得通；所需要的基本做法就是为每个人提供必要的和足够的条件，所存在的问题则是如何把这种平衡状态从个体转移到群体，做不到这一条，社会就会不得安宁，就会走向衰退。

这才是值得国际装饰艺术展好好思考的一个重要问题。在整个青年时代充分经历了装饰艺术、实用艺术、工业艺术楚楚动人的梦幻之后，建立一项通往活路的规划，与像今天闭幕的展览这样铁定把我们引向死路的规划针锋相对[这是我们长期以来的坚定信念:《今日的装饰艺术》一书早自1918年起就由“评论家出版家”（EDITION DES COMMENTAIRES）推出了]，就会从金饰、从银丝、从釉饰并从突兀的五颜六色之中抽走装饰艺术的裹尸布。

我们的场馆是由两部分组成的：右边的第一部分精确再现了一个住宅单元、一个“可居住装置”的范例，理智与心灵都可以从中得到满足。这个单元由各种房屋“要素”联合构成，这些要素全都通过了行业标准的筛选，于是，这个单元就成了一种典型性住宅，并且城乡皆宜。在城里，城市规划大量集中了这样的典型性住宅，按照食品供应和家政服务的公共管理办法将其有序地组织起来，为其辟出确实起到绿肺作用的空中花园，充分保障每个单元的空气流通，改造街道，改造分块格局，就近安置体育设施，

带空中花园的“别墅建筑”单元

合理安排交通，从而建立了“别墅建筑”的典型范例（1922年秋季展展品）和“蜂窝状分块建筑”的典型范例。而工业，承蒙严格的标准化，也就有把握造出符合当今建筑规范的住宅工程概算了。于是，唯美主义者就会在城市风景中欣喜地看到，新型模块拔地而起，大面积的新式秩序应运而生（比比皆是的空中花园）。

而这个孤独矗立在大王宫花园里的“别墅建筑”单元，如果没有大树的阻挡，也许会在某晚半夜时分，踩着滑轮溜上香榭丽舍大街，穿过塞纳河，于黎明时分毫发无损地抵达郊外的某处花园，在那里向世人宣示，其可居住装置的各个机体完全可以满足花园新村的建设要求。

花园新村、别墅建筑，这是一个大都市城市化规划的两极。都是住宅。都是可以带给我们不可或缺的物质享受并提振我们心灵的理想住宅。

所以，我们在“别墅建筑”单元的旁边又建起了“新精神馆”的第二只翅膀。宽大的圆形建筑足以覆盖一幅“当代都市”（VILLE CONTEMPORAINE）的巨大透景画（在1922年秋季展上展出的纯分析性研究）以及“瓦赞巴黎平面图”的巨大透景画，这也是发表在“新精神丛书”中的城市规划研究成果(参见中国建筑工业出版社于2009年出版的勒·柯布西耶所著《明日之城市》——编者注)。[1]

这些透景画是：每幅都有90m见方的两幅巨大画作，城市规划展位墙壁

这里，我们在这幅图片中看到的就是那幅用作本章开头题饰的“新精神馆”的照片。该馆就是这样取代了由当今巴黎管理体制所管理的一个房地产项目中的单元位置的。

注：

1. 布满“新精神馆”四周的大树（甚至在场馆里面还占有一席之地）让我们无法通过将其集中排列成柱廊形式而把透景画的一翼与别墅建筑的另一翼区分开来。

上悬挂的一幅幅图样对它们进行了说明、作出了评价，使它们成为一种可能。

就这样，为了就“现代装饰艺术”（L’ART DECORATIF MODERNE）得出结论，我们推出了巴黎市中心的整治平面图，我们的愿望不是带来“解决办法”（LA SOLUTION），而仅仅是把业内的争论提升到一个更高的高度，以便通过这样的争论来摆脱小方案、小特例以及原地踏步对我们的诱惑，因为在这样的诱惑中，拯救城市的举动会被淹没，城市可能就会死掉。

*
* *

就在皮埃尔·让纳雷和我一起建造“新精神馆”并为之准备展示内容的同时，格莱斯出版社又为“新精神丛书”再版了：

勒·柯布西耶所著《走向新建筑》（由“评论家出版社”于1918年推出）。

勒·柯布西耶所著《今日的装饰艺术》。[①]

奥占方和让纳雷所著《现代绘画》（格莱斯出版社）。

勒·柯布西耶所著《明日之城市》。[②]

一套“别墅建筑”公寓房内的空中花园

---

① 法文版出版社同上，中文版由中国建筑工业出版社于2009年出版。——译者注

② 中文版由中国建筑工业出版社于2009年出版。——译者注

4卷，8开，每本厚度为250—325页。

这4卷书籍就是要由“新精神馆”付诸实践的理论集合。

* * *

这个规划就是一个无所不包的整体，是其研究成果的后续延伸。它所表达的就是一种时代思想。当我向展览会建筑主管部门的大领导讲解这个规划、希望他们能批给我们一块地方时，我得到的却是公事公办的回答:“您该做的不是这个，您该做的是‘建筑师的房屋，是该一个建筑师做的公寓房！’”最后我不得不设法绕开了禁令，可我付出了怎样的代价呀！

* * *

我年长的朋友奥古斯都 · 佩雷是展览会建筑评委会的副主席，当着他评委会同事的面发表了他的意见:“这可真够傻的。这根本就待不住。这也没根据呀。这里面也没有建筑学呀。”

城市规划展位一瞥。从占据一面墙的孔洞望进去，可以看到“瓦赞巴黎平面图”的透景画（下面本来是有一个带扬声器的喇叭口的，可以自动同步播放解说词和相关画面。但最后一刻却未能安装）。远处左侧的整面墙上都铺满了《新精神》杂志的内页

正面视图。场馆建于桩基之上，悬空于地面。外面的颜色：空中花园的两堵宽墙涂成了深火红色的锡耶纳[1]土色；另一面墙壁和顶棚则是本色白。其他外立面：明灰墙壁；可以滑动的铁皮挡板，外面是灰色和偏暗黄的赭石色，里面是明蓝色。顶棚上的圆洞只是由尊重树木的义务而引发的一个意外

① SIENNE，意大利中部城市，盛产用于绘画的赭石棕色颜料。——译者注

饰有以下色彩的无窗侧立面：白色、黑色、明灰、深灰、暗黄，还有火红的锡耶纳土色。混凝土结构时而凸现室内，时而凸现室外。我们做出这样的架构完全是出于经济的考虑，因为我们手里不趁用于填充此处的双层隔板。原则上，我们尽量避免让混凝土的水平柱带（CEINTURES）暴露在外，以免造成漏水和出现不协调的烟灰或积尘“痕迹”（COULURES）

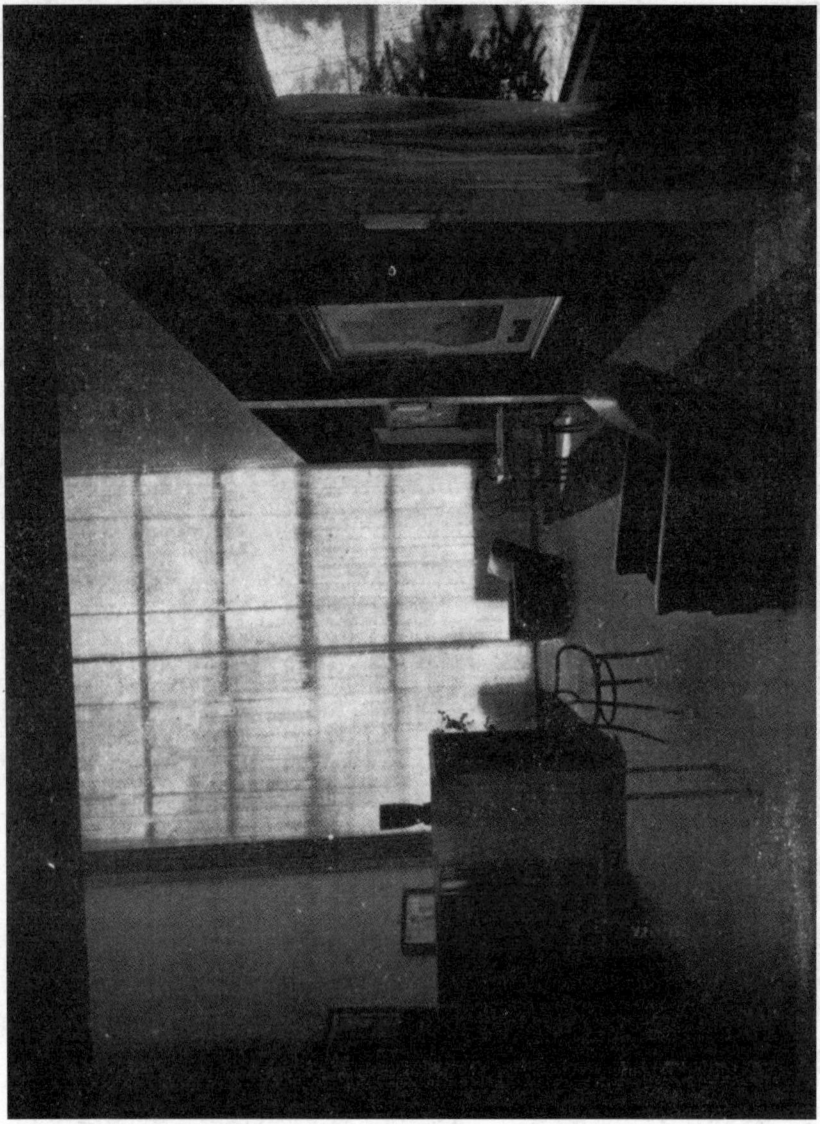

逆光的大厅（均由典型性要素建成）视图。远处右侧是通向空中花园的出口；近处右侧则可以直接看到外面的空中花园。远处左侧是垂直的供暖装置。近处左侧则是由7组标准组合柜构成的墙脊（餐具、玻璃器皿、餐桌巾布、各种成套用具，等等）

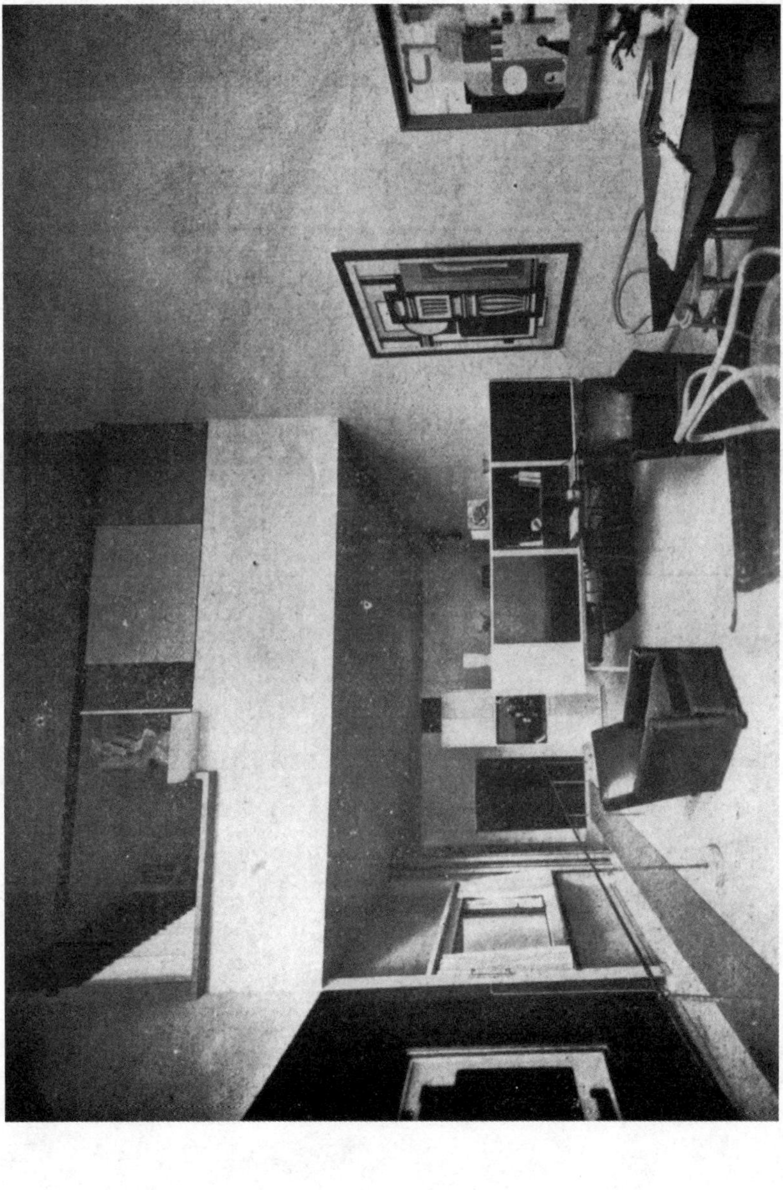

站在楼上小客厅的另一侧所看见的大厅视图

在大厅里看到的餐桌。现场的标准组合柜挡住了门厅（左侧），其高度可以直达顶棚，从而将房间完全封闭

左侧是透视图与城市规划部分的圆形建筑。前面是里普希茨创作的雕像

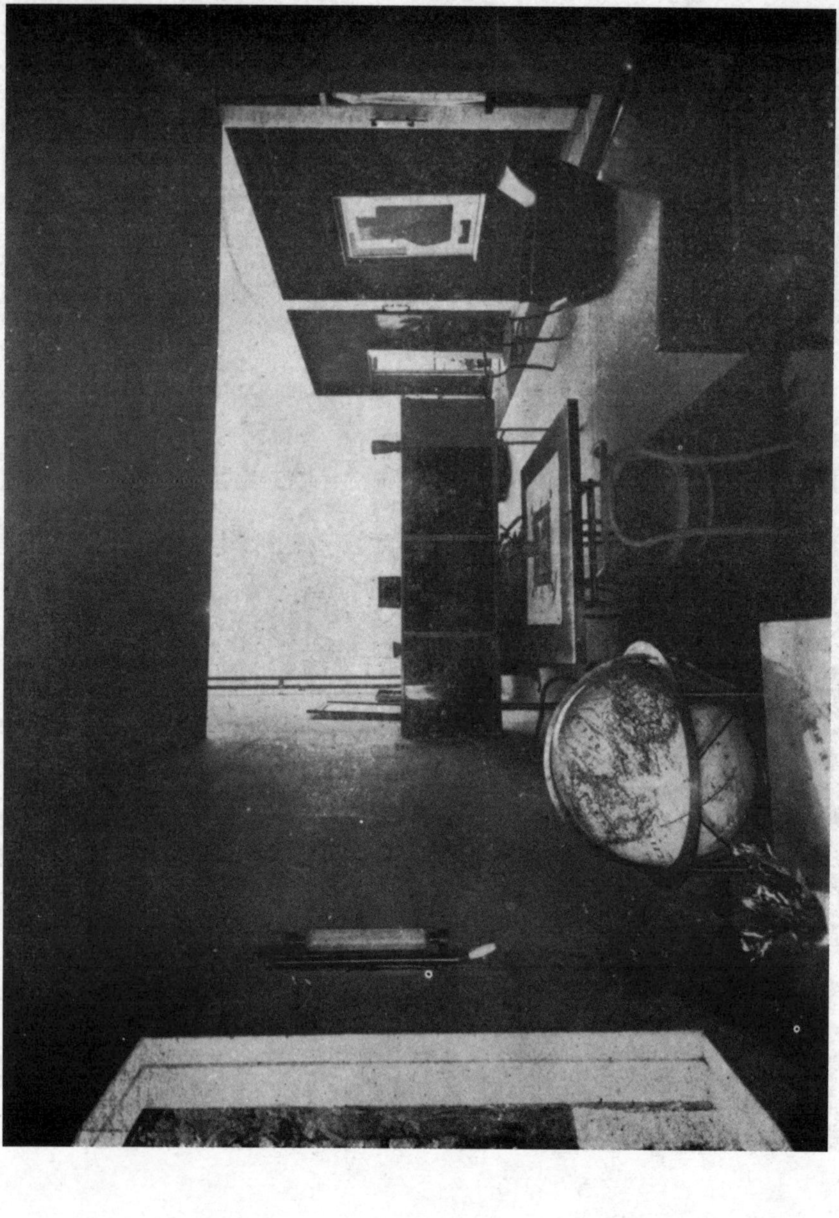

餐桌。色彩：深蓝，左侧墙壁为白色，右侧墙壁下面是天然的暗土色，上面是白色。组合柜：赭石黄

走上“别墅建筑”每一处公寓房的独家楼梯时所见场景。下面，透过开着的房门，可以看见花园。上面，透过窗户，可以看见决定空中花园高度的顶棚

楼上小客厅。滑动隔板可以将其与大厅隔绝开来；而将其与卧室隔开的则是标准组合柜

莱热和让纳雷的油画；托耐特批量座椅中的真皮扶手椅，可拆卸标准写字桌，陶制与玻璃实验瓶

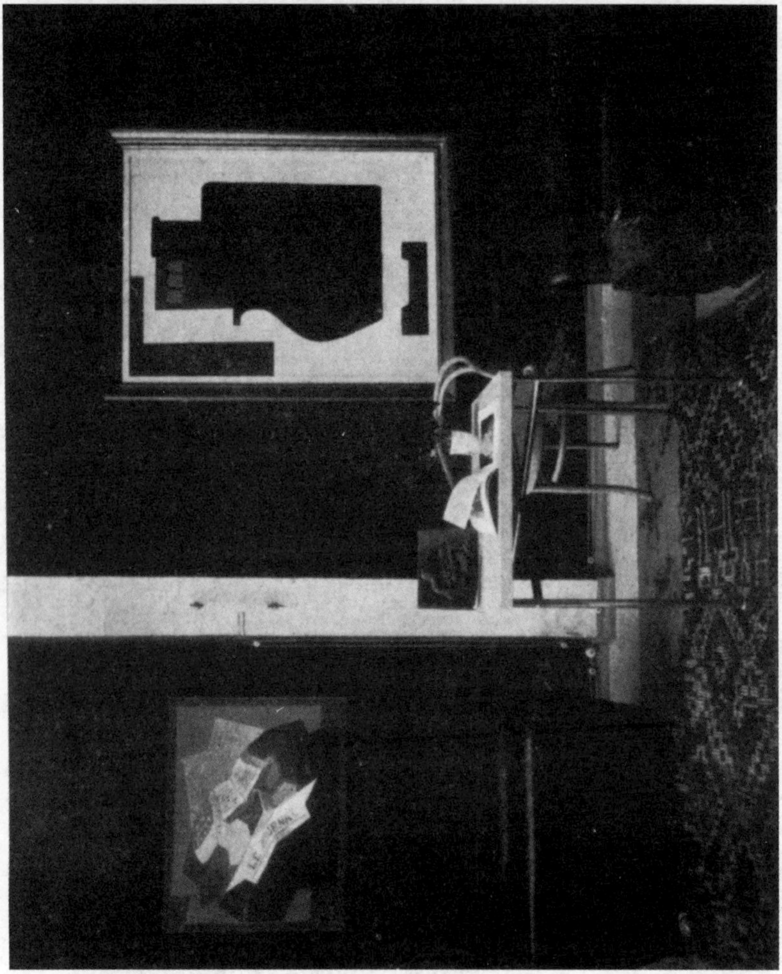

胡安·格里斯与奥占方的油画。由铁皮和铁管制成的桌子；里普希茨的浅浮雕；柏柏尔[1]地毯；专为通过 70cm 宽房门而制作的真皮扶手椅

① BERBERE，源自北非的原始蛮族。——译者注

花园中的里普希茨所作雕像；远处是空中花园

透景画圆形大厅。左边是“瓦赞巴黎平面图”透景画。远处右边是“巴黎市中心平面图”；墙上分组排列着城市规划的研究成果：一座300万人口的当代都市，“建筑学问题”；“分块建筑与街道走向的改革”（REFORMR DES PARCELLEMENTS ET DU TRACE DES RUES）；“花园新村”；当代都市透景画

城市规划部分的圆形大厅

当展览于11月闭幕时，“新精神馆”毫发无损地保留了下来。立面纤尘不染、顶棚洁净如初。然而“新精神馆”没有任何突饰，它的露台是凹形的。只是限期贷款让我们只能拣最紧要的做。

在公众看来，这个11月以及这个多雨的夏季肯定会对平式屋顶造成影响；因为在广场咖啡馆[①]和塞纳河畔的建筑突饰上，雨水肆无忌惮地流淌，并且已经长出了霉斑。

公众的看法应时应景。设计糟糕的平式屋顶确实是一种不幸。但不包括我们这个按照安全原则施工的屋顶。

---

① ESPLANADE，位于巴黎第7区。——译者注

希腊花瓶　　摄影：吉隆多（GIRONDAU）

坛坛罐罐……

“在现今时代，艺术陶瓷已经成为一种灾难般的干扰，我们不禁要问，陶器们、花瓶们的发展方向究竟应该怎样界定。

如果禀持严肃的观点、禀持宏观艺术的观点，我们可以为陶器保留一席之地。具体

“新精神馆”。玻璃器皿（实验用具）

来说，它具有毋庸置疑的用武之地：也就是说花瓶们在一般的造型产品中享有独一无二的待遇；实际上，只有在不同造型艺术行为中，它们才拥有一种任何其他艺术形式都无法获得的形态特性。那就是从球形派生出来的各种形态，是绝对的几何体，无论是建筑学还是雕塑艺术（当然也包括绘画艺术）都做不出来。在造型手段的大乐队中，它们就是一种从内容到形式都极其精确的乐器。从这一准则出发，我们完全可以设想出令人欣慰乃至令人向往的花瓶，只要它具备最纯美的形状。最终，材料的选择将由‘做到极致的必要性’（LA NECESSITE DE FAIRE LE PLEIN）来决定，由对光线效果的忠实体现来决定。”

“石头、硬木、黑土都将成为最为理想的光线载体。只有这样的花瓶才能成为艺术品、成为造型物品、成为像雕像和油画一样世所公认的物品。作为纯粹的建筑作品，它们完全可以成为令人尊崇的高贵用品，堂而皇之地在我们的艺术感情世界中占有一席之地。

像今天这样做出来的现代陶瓷的命运是与现代装饰艺术的命运紧密相连的；二者都具有某种寄生性，大马金刀地占据着我们的精神世界并充斥着我们的视野。我们曾热衷于复制精美的希腊花瓶，以借此趋近伟大的雕塑艺术与建筑艺术。这些花瓶的轮廓也就是建筑物上面的突饰轮廓。”

《新精神》杂志第 16 期

* * *

……恪守本分的艺术作品。轮廓一如建筑物的突饰。

我们只想在“新精神馆”里展出由标准来界定的纯净艺术。

迄今为止，能在今后的某一天做出庄重造型的只有那么两、三个陶器和玻璃艺人。而“新精神馆”里现在摆放的坛坛罐罐，不管是玻璃的还是陶土的，都是从实验室研究员那里直接买来的：试管、研钵、坩埚。在很多参观者看来，它们都表现出了一种极端的现代主义风格。作为恪守本分的艺术作品，它们才是用机械标准精选出来的产品。它们材质至简、形状至朴、风格至纯：它们轮廓精美、功能突出。

这些坛坛罐罐本身就是一种呐喊。

除了建筑、雕塑、绘画，还要加上花瓶艺术。

花瓶，是惟一源自球体的建筑要素。

“新精神馆”。实验用具（坩埚）

“新精神馆” 小客厅：柏柏尔地毯

装饰性地毯

它们由编织结点构成的几何图形为大厅“营造了一种层次感”（DONNE DE L’ECHELLE）、一种尺度空间感。

它们为能在每块地面营造出一种“颤动感”（PREPIDER）而欣然；铺着地毯的地面仿佛在晃动，变得十分热闹。

那是一块高纯度的羊毛地毯，放置到位，无微不至地呵护着踩在上面的双脚。

“吸尘器”十分实用地解决了地毯的清洁问题。

再硬的铁石心肠也会为之软化，对不对？

再说一遍：柏柏尔地毯可以赋予建筑一种层次感。它的色彩与它的几何体在材质、墙体与家具这三者的表面体之间形成了某种比例上的均衡性。

暖脚。

真空感。

我们有理由得出这样的结论，在现代建筑学中，地毯也会占有一席之地。这就说到了它不事炫耀的低调问题；既有地毯问题也有低调问题。柏柏尔地毯在很大程度上就是一种纯民间的东西。机械几何学把我们引上了对几何的欣赏之路。就像柏柏尔人所做的那样：把几何图形变成最让人认同的花饰。但同时要对所用花饰进行明确界定。

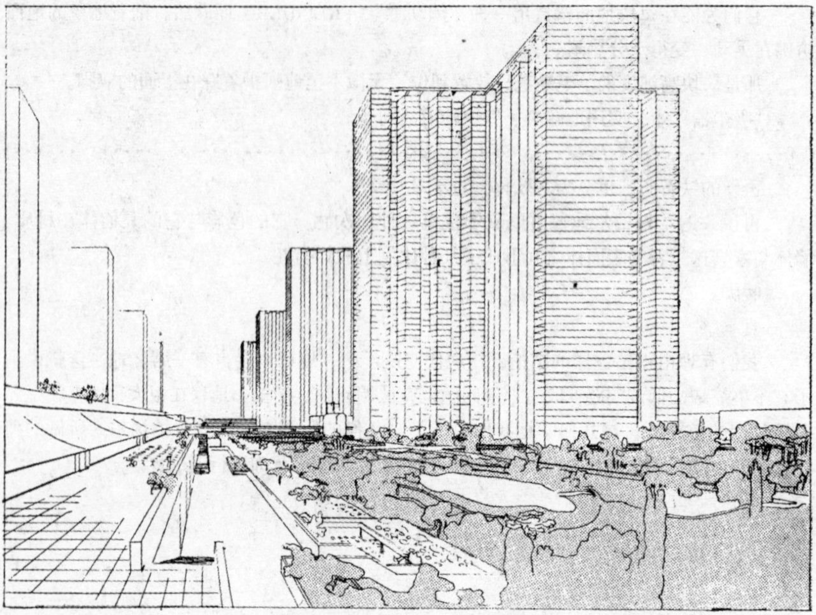

一座当代都市。公园就建在摩天大楼脚下。右边是梯形墙。左边以及远处也是一层层阶梯状的饭馆、咖啡馆和商店。还能看到远处穿行于两座建筑之间的汽车道，这就是纯粹的建筑学创意

一座 300 万人口的当代都市

（1922 年秋季展）

场地的不规则是当今所有大城市的现实问题，面对未来发展，这种现实再也不能持续下去，它让建筑学费尽心力，令建筑人殚精竭虑。不规则场地上的建筑也是不规则的——纯从定义上讲——是长着一副罗圈腿的早产儿，变成了只让深知内情者心旷神怡的某种建筑秘笈。

建筑应该享有“空间自由”（AIR LIBRE）：自由地存在于围城之内和围城之外。

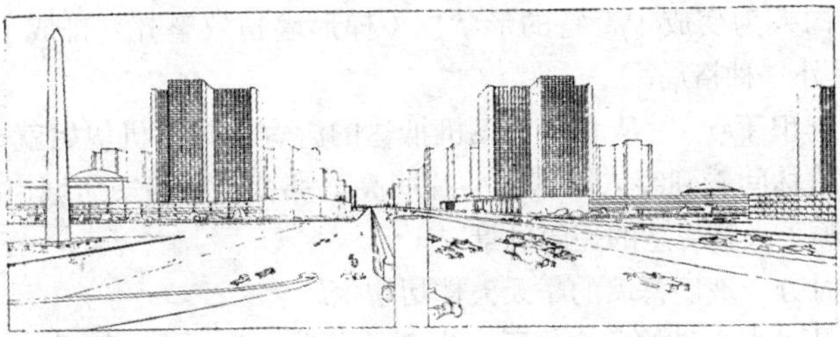

市中心的汽车道

城市审美

（这里所画的城市是一种纯粹的几何图效果。）

一种全新的大面积模块（400m）开始左右整座城市。其由街道所划出的 400m 和 200m 见方的规则方格虽然全都整齐划一（令外来者具有明确的方向感），但每一个方格的外在形式都不尽相同。这里的魅力就是像赋格交响曲般协同一致的几何合力。

让我们从英国式花园进入这座城市。汽车高速行驶在高架汽车道上；高架在摩天大楼间的雄伟通道。快到了：开始穿梭于 24 座摩天大楼间的不同空间之中；左边、右边、远处的摩天大楼上，不时出现不同政府部门的大牌子；整个空间还浓缩着各种博物馆和大学。

突然驶到了第一座摩天大楼脚下。我们在楼与楼之间看到的并非如纽约般令人焦虑的狭长一线天，而是宽敞的空间。公园纷纷闪过。草坪上、树林间伸出一个又一个露台。低矮而富于层状比例的建筑让我们一直能看到远树的起伏。哪有什么小型“官邸”（PROCURATIES）呀？那座住满人的城市就在这里，气氛宁静、空气纯净，各种噪声在浓郁的树叶簇中化于无形。纽约式的混乱已经被我们抛在脑后。这分明是一座阳光普照的现代化城池。

汽车驶离高架通道，同时也告别了通道上 100km 的时速：它缓慢地穿行在住宅区之间。越过梯形墙极目眺望，远处的建筑物错落有致。有花园、有游乐场、有体育场。到处都能看到蓝天，辽远的蓝天。一字排开的露台清晰地分开了由空中花园镶着绿边的楼景。错落的庞大建筑勾勒出全封闭的轮廓线，上面点缀着各种规则的细节要素。在远处蓝天的映衬下，摩天大楼高大的几何形玻璃幕墙被平添了几分柔和。而在从上到下覆盖着外立面的玻璃幕墙上，蓝天明亮、星空闪烁。令人目眩。像一根根巨大的棱柱，但却光彩照人。

每一处都有别具一格的景观；虽然每个方格都是 400m 见方，但却被建筑结构人为变成了奇特的形状！（梯形墙精致整齐，排成了600m×400m的另外一种格局。）

从君士坦丁堡[①]、从北京坐飞机抵达的游客也许下机伊始就会在纷繁的河流与树林间看到突入眼帘的一片明亮，那就是这座安居城市的标志：一道完全源于人脑智慧的亮丽风景。

黄昏时分，玻璃幕墙的摩天大楼熠熠生辉。

这不是未来主义的危言耸听，也不是文学作品的哗众取宠。这是建筑学以各种造型资源构筑的有序景观，是借助光线勾勒的形态组合。

（摘自乔治·格莱斯出版社1925年出版的法文版《明日之城市》[②]）

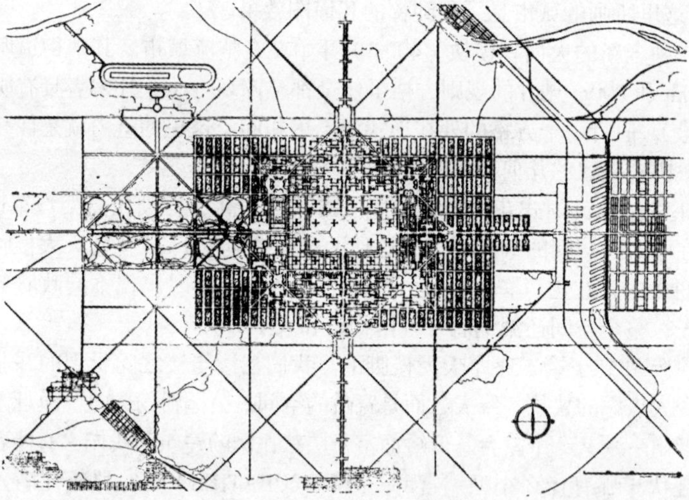

图中央：商业区；四周：住宅区。市中心：火车站和机场。公园遍布全市

巴黎对时代的期许：

拯救她的濒危生命

保留她的昔日美貌

完美而强有力地展现20世纪的精神面貌

昔日完整的街区已经变得腐朽不堪，成了病态、悲惨、沦丧的场所。再来一场类似奥斯曼工程那样耗资巨大、旷日持久的翻新也许会为这座城市带来巨大的收益（记得奥斯曼曾以6层楼的房屋代替了原来同样6层楼的房屋，而今天，我们完全能做到用60层或者12层的楼房来代替原来的6层楼房）。

Manifeste 1922

① CONSTANTINOPLE，原名拜占庭，为拜占庭帝国都城，现名伊斯坦布尔。——译者注

② 该书由中国建筑工业出版社于2009年出版其中文版《明日之城市》。——译者注

“新精神馆”里的“瓦赞巴黎平面图”

“瓦赞巴黎平面图”

巴黎的“瓦赞平面图”包括最主要的两项全新要素创意：“一座商业区和一座住宅区”（UNE CITE D’AFFAIRES ET UNE CITE DE RESIDENCES）。

“商业区”占地 240 公顷，都是巴黎极端破旧肮脏的地方——从共和国广场[①]到卢浮宫街道[②]、从东站[③]到里沃利街道[④]。

① PLACE DE LA REPUBLIQUE，位于巴黎东部，横跨第 3、10、11 区。——译者注

② RUE DU LOUVRE，位于巴黎第 1 区。——译者注

③ GARE DE L’EST，位于巴黎第 10 区。——译者注

④ RUE DE RIVOLI，横跨巴黎第 1、4 区。——译者注

住宅区则从金字塔街道①一直伸展到香榭丽舍大街的转盘，并从圣－拉夏尔火车站②延伸到里沃利街道，为此还拆除了已经超饱和的资产者住宅区，今天，这里已经建满了写字楼。

中央火车站就位于商业区和住宅区之间。在地下。

巴黎市中心这一新规划的中轴线是从东到西延伸的，从万塞讷③到勒瓦卢瓦－佩雷④。这条中同轴线恢复了今天已经不复存在的巴黎最离不开的主通道之一。这是一条主要交通干线，宽达 120m，是一条不间断单向行驶的大流量的汽车通行要道。这条主干道的作用应该是迅速疏散香榭丽舍大街上的车辆；但它实际上却是一条无法保持高流量畅通行驶的道路，因为它通向的是一条死胡同：杜伊勒里公园。[1]

"瓦赞巴黎平面图"重新恢复了巴黎亘古不变的市中心。我在此前的某一章中说明过，我们实际上无法做到把大城市"依然健在的"（CONDITIONNE）市中心移往别处，然后再在老城旁边大张旗鼓地盖新城。这张平面图针对的只是巴黎最恶劣的街区和最狭窄的街道；它追求的不是"投机"（OPPORTUNISER），不是在拥堵干线的巨大压力下随便让出一小块地方的权宜之计。不。它要的是战略性地为巴黎开通一张焕发青春的交通网。在那些只有 7m、9m 或 11m 宽并且每隔 20m、30m 或 50m 就与其他道路交叉的地方，建起 50m、80m 或 120m 宽的干线方格，每隔 350—400m 才形成一个路口交叉；并且在被道路隔开的宽大孤岛上建起十字形的摩天大楼，从而形成一座"超高"（EN HAUTEUR）城市，一座将曾经散落地面的单元重新归拢并让它们远离地面以充分享受新鲜空气与阳光的城市。

从今往后，在原来低矮拥挤的城市上，在一旦飞机"第一次将其展示在我们眼前"（REVELE POUR LA PREMIERE FOIS A NOS YEUX）就会让我们惊吓不已的城市中（看看法国航空公司拍的照片吧），拔地而起的将是一座迎向新鲜空气与阳光的光彩夺目且容光焕发的超高城市。直到目前占地面积仍然高达 70%—80% 的布满拥塞房屋的城市，将只用 5% 的面积来建造楼房，余下 95% 的面积将全部贡献给交通要道、汽车停车场和公园。林荫大道将全部辟成双车道或四车道；建于摩天大楼脚下的公园将使这座新城成为一座巨大无比的大花园。

被"瓦赞平面图"摒弃的老城区的过高居住密度不会减少；其居住效

---

① RUE DES PYRAMIDES，位于巴黎第 1 区。——译者注

② GARE SAINT-LAZARE，位于巴黎第 8 区。——译者注

③ VINCENNES，位于巴黎东部的市镇。——译者注

④ LEVALLOIS-PERRET，位于巴黎西北的市镇。——译者注

率将反而会“增至 4 倍”（QUADRUPLEE）。

这里将不再是我们难以想像的每 hm^2 挤着 800 人的可怕城区 [2]，而将成为居住密度高达每 hm^2 3500 人的崭新城区。

我希望读者能充分发挥想像力，设身处地地设想出这种新型超高城市的情景；设想一下那种至今还像一块干面包皮一样粘在地面上的拥挤建筑群将被彻底揭起，并被水晶般晶莹的玻璃幕墙取而代之的情景，每幢大楼都将高达 200m，彼此间留有极大的空隙，楼脚下围绕着浓郁的树丛。这座至今还匍匐在地的城市顷刻间拔地而起，带着最顺理成章的秩序，瞬间超出我们长期以来因司空见惯而难以自拔的想像。在国际装饰艺术展览会上，我为展示着“瓦赞平面图”的“新精神馆”涂抹了一幅透景画，目的就是要把这种我们还没有精神准备的新颖之作展现在人们“眼前”（AUX YEUX）。在这张精心绘制的透景画上，可以看到老巴黎风貌犹存，从圣母院到星形广场，所有不可磨灭的遗产性历史建筑均保存完好。在它们背后，崛起的是一座新城。这座新城不再是混乱如曼哈顿①海市蜃楼般细高钟楼的建筑群，一幢紧挨一幢，彼此遮挡着对方的空间与阳光；而是以分明的节奏巍然矗立的一片垂直体、以透视效果伸向远方且轮廓鲜明纯净的垂直体。从一幢到另一幢，这些玻璃幕墙的摩天大楼彼此之间同时建立起了一种既充实又空旷的关系。大楼脚下的场地规划有方。整座城市就像所有建筑作品一样拥有自己的中轴线。城市规划进入了建筑领域，建筑学也同时介入了城市规划。注目巴黎的“瓦赞平面图”，就会看到城西和城西南建于路易十四、路易十五和拿破仑时代的庞大建筑轮廓：荣军院、杜伊勒里宫、协和广场、战神广场、星形广场。人们从中感受到的是“创意”（CREATION），是曾经压制并战胜了喧嚣的那种精神。新的“商业区”（CITE D'AFFAIRES）不再以不规则的形态出现；它将给人以恪守传统的印象并且将遵循正常的发展进程。

自一战结束后就在寻觅栖身之地的“商业”（AFFAIRES），在今天的巴黎却一无所获。为了商业，我们一点一点地建造着我此前提到的那些建筑物。而写字楼就是一个与住宅楼毫无共同之处的具体机关。上班时间限定了它作为上班工具的地域性质。“瓦赞平面图”提出的商业区方案正规、实际、精细，具有可操作性，呈献给国家的就是一个商业枢纽。沿着合理的发展轨迹，巴黎，作为法兰西的首都，完全应该在 20 世纪的今天拥有自己的枢纽机构。种种分析似乎都在引导我们，必须为此提出一个合理方案。每座摩天大楼都可以容纳 2 万—4 万名职员。18 座摩天大楼就可以容下 50

---

① MANHATTAN，美国纽约市中心的繁华街区。——译者注

万—70万人，这就是这个国家枢纽手里的武器。

网格状的地铁线路就修在摩天大楼下面；街道与车道也为方便这群上班族的出行提供了必要的条件。

巴黎东站的铁路线上面架起了混凝土马路和高架汽车道。这条一直通向北方的新建主动脉完全是在未充分利用的场地上调剂出来的。而以新的中央火车站为起点，还能再建一条通往南方的通道，穿行于商业区和住宅区之间。

而至今连影子都还没有的那条贯穿“东西”（EST–OUEST）之间的大通道将会成为一条分流和疏通现有多边形交通网的主航道。这条大通道让我们摆脱了就事论事的系统，为我们打开了从前后两端均可通向外界的大门。

位于新火车站西面的住宅区为巴黎的市中心带来了具有良好通透性的街区，这里先后竖起了一幢幢30m或40m高的政治枢纽：拼楼办公的各国家部委。这里有会议大厅、等候大厅，还有各种不同形式的厅室。此外还有多座大型旅游酒店。

中央火车站极大地完善了1922年提出的系统方案，当时的主要干线永远有一端是被堵死的。而今，它们都被建成了回转系统。东、西、北、南四大站台上，现役的——或改组后的——铁路公司忙碌地装卸着乘客；而火车只是过站而已；不会在此地“久留”（STATIONNER），也不会在这里“编组”（SE FORMER）；驶入车站时它已经全副武装，装满人后便立刻全部沿着“单一方向”（DIRECTION UNIQUE）驶向下一站。

*
* *

巴黎的“瓦赞平面图”及其过去

过去的历史，作为全世界的遗产，受到了应有的尊重。不仅如此，它也获得了“拯救”（SAUVE）。而目前持续的危机状态却在把这个过去引向快速消亡。

之所以说快速消亡，首先一个表现来自情感层面，而且十分严重：今天，那个已经过去的时代在我们的精神世界中早已凋谢；因为它为大势所趋而参与到了现代生活中，而正是这种参与让它沉湎于一个错误的世界当中。我渴望看到空旷、独立、静谧的协和广场，看到人们在香榭丽舍大街上自由自在地散步。“瓦赞平面图”疏通了整个旧城，从圣杰尔维教堂[①]直到星形广场，从而恢复了这座城市的平静。

---

① SAINT–GERVAIS，始建于公元4世纪，位于巴黎第4区。——译者注

沼泽地带（国家档案）

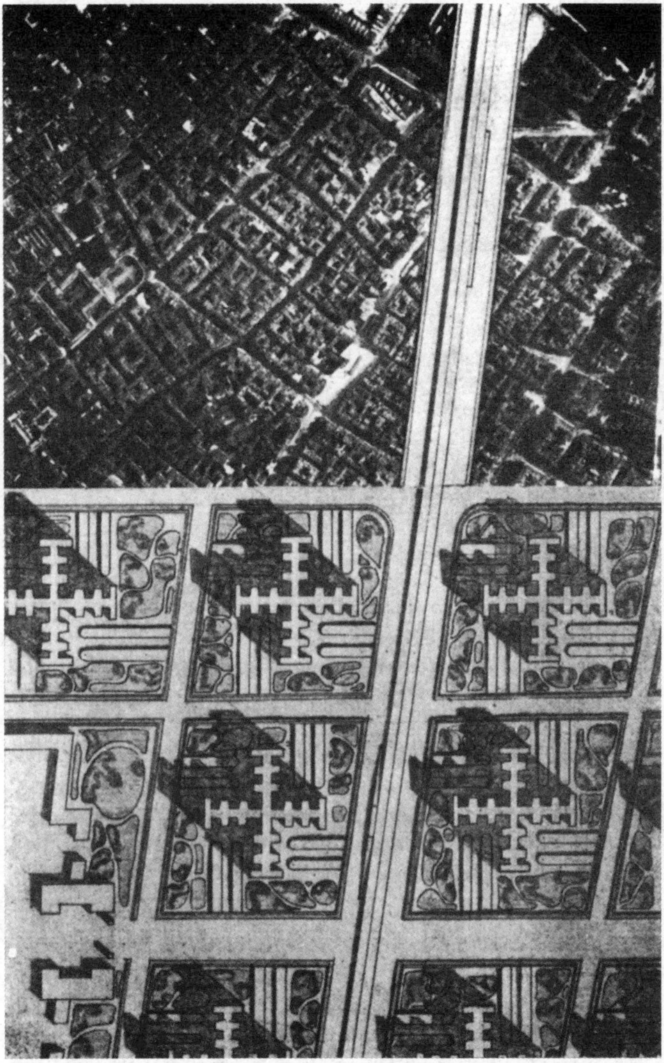

带有行车道的
东一西大通道

这就是巴黎的“瓦赞平面图”提出的用地方案。这就是我们打算拆除的街区，
这就是我们打算在原地兴建的建筑
（两幅图片比例相同）

“沼泽”（MARAIS）地区、“档案馆”（ARCHIVES）地区、“寺庙”（TEMPLE）地区等等全部被拆除殆尽。但老式教堂全都得以保留。[3]置身于青枝绿叶之中；再没能比它们更引人入胜的地方了！但是，如果认定它们的原始环境因此会受到改变，那么，我们也必须看到，它们现在所处的环境并不适合它们，不仅如此，而且这种环境还既蹩脚又丑陋。

我们在“瓦赞平面图”上还可以看到在浓密树丛下建起的一座座新公园，它们或以某块巨石为象征、或以某座拱廊为标志、或以某个再三核实的历史性柱廊为特征，因为那毕竟是历史的一页，或者毕竟是一件值得留下的艺术杰作。

而矗立在一片草坪上的“复兴”（RENNAISSANCE）酒店，则是那么风姿绰约、亲切怡人。这里原本是一座地处沼泽区的酒店，我们或可予以保留，或可予以迁移；如今，它要么变成一座图书馆，要么变成一间阅览室，要么变成一间会议室，等等，不一而足。

“瓦赞平面图”以占地5%的建筑面积挽救了过去留下的文物并赋予其和谐的周边环境：树丛、森林。诚然，任何事物都毫无例外地终有消亡的一天，而这些“蒙梭式”（A LA MONCEAU）公园就是它们虽死犹荣的墓葬宝地。我们在这里怀念、在这里畅想、在这里憧憬：过去已经不再是令人想到生命之死的不祥之念；过去已经加入到了现在的队列当中。

“瓦赞平面图”并不自认会给巴黎市中心的现状带来完全准确的解决方案。但它却有助于将现有讨论提升到符合时代要求的高度，有助于将问题提到一个健康的层面。它以自己的原则反对着日复一日幻化我们精神的杂乱无章的小改小革。

（摘自格莱斯出版社出版的法文版《明日之城市》）①

注：

1. 近期将香榭丽舍大街经杜伊勒里公园一直延伸至杜伊勒里街道的项目是一个毫无意义的项目，这条街道既连着如今已拥挤不堪的里沃利街道和金字塔街道，同时又通向堵得水泄不通的国王大桥②。而国王大桥又连着宽度只有11m或13m的渡船街道③，这条街道因车辆拥堵只能改为单向行驶。还有谁能设想出如此愚昧的方式？

2. 亲爱的读者，请您找一个白天、再找一个夜晚分别在“瓦赞平面图”规划的区域散上一次步，您就会对此感同身受。

3. 这并不是我们方案的最终目的，而只是出于建筑学考虑的一种妥协结果。

---

① 该书由中国建筑工业出版社于2009年出版其中文版《明日之城市》。——译者注

② PONT ROYAL，位于巴黎第7区，横跨塞纳河，始建于1632年。——译者注

③ RUE DU BAC，位于巴黎第7区。——译者注

城市规划评委会

城市规划评委会去过了“新精神馆”。由于没有得到评审主席的通知，我们只能在11月时给展览会管理部门打电话询问。

——喂?

——哎，喂，城市规划评委会给你们发了一枚金质奖章，评委会主席应该告诉过你们……

——没有啊，真是的！城市规划评委会的首席评委是谁呀？

——是费尔曼·杰米埃先生，就是在奥德翁歌剧院[1]上班的那位。

——您说是奥德翁的杰米埃？不会吧，别开玩笑！

——为什么，什么叫“别开玩笑”？

——因为这太可笑了！

——可笑？所谓城市规划就是街道艺术，就是人群艺术。而对于人群艺术，费尔曼·杰米埃完全有发言权啊。

——那评委会的报告人是哪位呀？

——是在《路灯》[2]（或者别的什么巴黎日报）上搞艺术批评的某先生。

---

① L'ODEON，始建于1797年，是巴黎的著名建筑之一。——译者注

② LANTERNE，1868—1928年发行于法国的一份小型政治周刊。——译者注

咬文嚼字

“以后我们的子孙后代是不是注定就要在这所庞大的几何形兵营里度过一生，住着批量建造的房子，用着批量配备的家具，所有人都在同一个钟点被同一批火车扔到每间办公室都一模一样的同一批摩天大楼里？他们的游戏，我说的是他们的休闲娱乐，也都是一个模子里刻出来的；每人一小块地方；要是他们对园艺感兴趣，喏，这块菜园子归你；还得记住禁止私自浇水，因为此举不仅方法过时而且收益不佳；因为要一刻不停地想到实用，一点乐趣也没有了。可怜呀！身处这样的速度、这样的组织和这样极端的统一化之中，他们会变成什么样？如此众多的逻辑每一种都会推导出最终的必然结果，如此众多的‘科学’（SCIENCE）和‘机械论’（MACHINISME）也已经无处不在，那些论著上面的每一页纸都在窥伺着你的一举一动，提醒着你的一言一行，让你时刻意识到它咄咄逼人的无往不胜，这一切都会让你对‘标准’彻底倒掉胃口，让你对曾经的‘无序’怀念不已。”（引自 1925 年 9 月的《建筑师》[1]）

这段对“城市规划”的评论就发表在《建筑师》上，一份由布吕麦[2]、鲍尼埃、戴尔沃[3][I]（还有别人）创办的刊物。《建筑师》在每个建筑师的办公桌上都能看到。应该说这篇文章写得还是蛮可爱的，甚至可以说是对我们吹捧有加。我所援引的这一部分在某种程度上就是整整一代人的“尽管如此”（QUAND MEME）。我们在一场内战中遭遇了；被一颗子弹射穿心脏后，大英雄在倒地之前发表了他的原则性声明，掷地有声得四面回响。从前的说理斗争是那么雄辩，一词一句都成了不可改动的经典；字眼连着字眼，庭辩激动亢奋；“咬文嚼字”（DES MOTS）！这些出生于 70 后的一代说给我们的只是他们的肤浅感受。我还能说什么呢？就跟回到斯

---

① L’ARCHITECTE，创办于 1907 年的法国建筑月刊。——译者注

② PLUMET，1861—1928 年，法国建筑师。——译者注

③ DERVAUX，1871—1945 年，法国建筑师。——译者注

蒂芬森[①]还没发明机车那时候似的。

还是让我们来逐字逐句地看看这段极其标准的抗议吧：

之所以推出“这所庞大的几何形兵营”，完全是为了把全然陌生的复杂性纳入有序的城市面貌之中，以便取消那些作为城里惟一封地的“街道幽径”（RUE CORRIDOR），代之以建筑学那种前景美妙的强大力量：梯形墙、蜂窝状建筑、摩天大楼。如果你们能审视一下“当代都市”（VILLE CONTEMPORAINE）平面图，想像一下其向上发展的空间高度，从城里的某一点到另一点作一次理论上的散步，“你们就会欣赏到每步一变的全新景观”（VOUS APPRECIEREZ QUE LES SPECTACLES SONT CHANGEANTS A CHAQUE PAS），而且绝不重复，狭窄拥塞的城市已经寿终正寝，取而代之的是一座空间辽阔、近景与远景错落有致、建筑组合形式多种多样的城市；丰富的面积形态带来的是从高度入手的解决方案：连绵不断的各色景观直达天际。就算是没赶上在1870年作信仰宣誓的业内人士也会毫不费力地在这本刚刚刻好印版就横遭指控的书中读懂这一切。

“批量建造的房子”，可不是嘛，就像历朝历代那些代表某种经典的房子一样：奥斯曼式、路易十六式（不带装饰的）、路易某某式等等的房子全都是批量式的。

“批量配备的家具”。你们忽略了福布尔 · 圣奥诺雷街道[②]上的那些百年产品。你们清楚地知道，几个世纪以来，那里一直在进行着批量生产：这个院子里生产椅子腿，那个院子里生产木床板，等等。你们想说的也许是连续几代都没有使用过批量家具的那百分之一、千分之一或者万分之一的家庭？而我想说的只不过是要继续批量生产当代家具，我指的可不是君主陛下们那些百般装饰的特制家具。

“所有人都在同一个钟点被同一批火车扔到每间办公室都一模一样的同一批摩天大楼里”。那好，让我们不自欺欺人地设想一下，到了我在书里写的那个要命时间，火车全都由着自己的性子开出，然后爱几点到几点到，这样一来，所有人都抓了瞎，因为第二天的火车又都不一样了。到第二天，在另一个随心所欲的革命性时间，这些火车又开到别的火车站去了，因为

---

① STEVENSON，1781—1848年，发明首辆蒸汽机车的英国工程师。——译者注

② FAUBOURG SAINT-HONORE，巴黎市中心名牌商店云集的一条长街。——译者注

只有这样才能不做重复的事，才能给乘客出乎意料的新鲜感！

“每间办公室都一模一样”！今天，每一间办公室的区别都是如此之大：常务董事的办公室是镶着壁板的大客厅——粉色大理石壁炉，烧着贝尔诺煤球[①]；服务生的办公室是不带窗户的小客厅；工程师和会计员在卧室办公，里面的白色壁炉同样烧着贝尔诺煤球；打字员的办公室则设在楼下的厨房。这就是从塞巴斯托波尔大道[②]直到星形广场所有巴黎商人都在使用的办公室，而且所有公司的格局全都一模一样，这才是要多糟糕有多糟糕的一模一样的办公室呢！

“休闲娱乐都是一个模子里刻出来的”：对不起！我的方案在楼房脚下（是我把它变成可能的）建有足球场、网球场、篮球场，包括了一切只有在场地上才能玩的游戏和运动。我找到了场地。你们应该知道，现如今根本就找不到场地，全社会惟一能玩的“一个模子里刻出来的”游戏就是在小酒吧里扔“骰子”（ZANZI），要么就是在家里玩转桌子游戏，根本解决不了老百姓的肺活量问题、腿部肌肉问题、肱二头肌问题和精神健康问题。

“每个人一小块地方”。我怎么觉得这就是你们这些人 30 年来始终梦寐以求的呀，你们的书里就是这么写的呀。你们当真是在抱怨我，嫌我给每个人都找了一小块地方吗？

“禁止私自浇水”，因为我可以通过建筑结构引入自动喷灌。私自浇水就是全人类的净亏本（如果可以这么说的话！）！浇水壶是一个独立个体：“我的房顶，我的浇水壶”（MON TOIT，MON ARROSOIR）！独立个体的生活就是靠这两样牧民时代的象征物延续至今的。别拿走“我的浇水壶”，咪咪 - 潘松[③]借圣格拉尼埃[④]的生花妙口发出了如此哀求。

“速度、组织和极端的统一化”抵制的是“迟到、混乱和极端的统一化”。

---

① BOULET BERNOT，贝尔诺是法国东北部市镇，贝尔诺煤球是一种最珍贵、最清洁的燃料。——译者注

② BOULEVARD SEBASTO，巴黎市中心南北走向的交通干道，为第 1 和第 2 区与第 3 和第 4 区的分界线。——译者注

③ MIMI-PINSON，阿尔弗雷德 · 德 · 缪塞（ALFRED DE MUSSET，1810—1857 年，法国贵族、诗人、剧作家、小说家——译者注）笔下的人物。——译者注

④ SAINT-GRANIER，1890—1976 年，法国歌手、词曲作家、剧作家、导演、杂志社长、播音员、记者。——译者注

如果你们想说的是《明日之城市》的研究成果，那就应该把极端的统一化换成"不断更新的多样化"（DIVERSITE TOUJOURS RENOUVELEE）。如果你们想再多看几个城市（维也纳、柏林、伦敦比巴黎有过之而无不及），看看大城市的市郊和城市外的街道，就会发现到处都是"统一化"（UNIFORMITE），而《明日之城市》针对的恰恰就是这些缺乏组织的悲哀的统一化，它所做的正是为它们提供解决方案。

还有呢，"如此众多的逻辑每一种都会推导出最终的必然结果，如此众多的'科学'和'机械论'也已经无处不在，那些论著上面的每一页纸都在窥伺着你的一举一动"，这些都成了一个误入歧途的建筑师所犯下的不可饶恕的罪行。对呀，看吧：一个建筑师就是不应该富于逻辑，就是应该一无所知，都到了20世纪了，也还应该小心谨慎地避免提到机器……让我们记住布吕麦、鲍尼埃、戴尔沃等先生们在其重要刊物里对建筑师所下的这个定义吧。

"……窥伺着你的一举一动，提醒着你的一言一行，让你时刻意识到它咄咄逼人的无往不胜。"莫非胜利的是他们？谢谢啦。这就是我们方案的目的。

"这一切都会让你对曾经的'无序'怀念不已。"看吧！建筑师就应该把一切导向混乱。保罗·瓦莱里先生，看看他们在1925年的今天是怎么领会您的《欧巴利诺斯》的吧，就像装饰艺术展览会得出的结论！我觉得这简直就是在重复莱昂德尔·瓦亚[①]先生所作的信仰宣誓，希望我这种在一句话里同时提到保罗·瓦莱里先生和莱昂德尔·瓦亚先生的做法不会太令人吃惊。他们俩说的其实是一件事，就是"建筑学"，但又绝不是一回事，而是彼此之间没有任何共同点的完全不同的两回事。层次不同，没法沟通。

* * *

我之所以逐字逐句地分析《建筑师》杂志的这篇提要文章，是因为我从中找到了代表无数陈词滥调（标准化的，而且是毋庸置疑的！）的一个范例，这些陈词滥调抓住已经消亡的过去紧紧不放，想通过制造舆论来扼杀初出茅庐的崭新精神。《建筑师》杂志的这篇文章以职业刊物的身份和职

---

① LEANDRE VAILLAT，1878—1952年，法国作家、舞蹈批评家。——译者注

业写作的手法将“新精神”馆在整个夏天所引起的以及在别人拿给我的剪报中所提到的各种各样的愤慨全都汇诸笔端。

我的这份分析逐字逐句表现的都是“咬文嚼字，咬文嚼字！”不过，文字的力量如此强大！借助文字可做的事情有很多。现在的处境只能靠咬文嚼字来摆脱了。

注：

1. 这几位都是1925年展会上的首席建筑师。

发展历程

纽约

“摩天大楼”，一个美国词。号称是由法国人建造的美国大楼；可以顶到天的大楼，多高。20年来摩天大楼一直在建个不停。

“塔楼”（TOUR），新近出现的巴黎词，只为有别于摩天大楼。但在我们的心目中“塔楼”要小得多。摩天大楼这个词很吓人，但却比“塔楼”意思更精确。“塔楼”已经改变了原意

摩天大楼在制造混乱

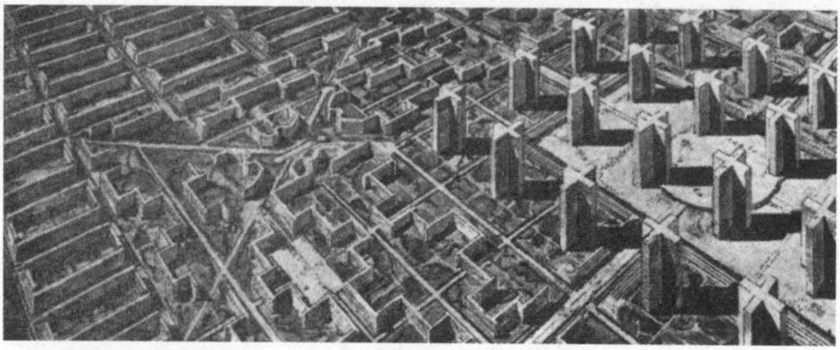

摩天大楼本应带来秩序　　（参见勒·柯布西耶1922年所著《当代都市》）

1922 年

奥古斯都 · 佩雷: 1922 年的“塔楼”……

1922 年的“塔楼”（见插图）拔起于城市周边 [巴黎的“旧城遗址”（FORTIFS）]，用于家庭居住。当时还不是十字形的

1921 年
密斯 · 凡 · 德 · 罗[①]

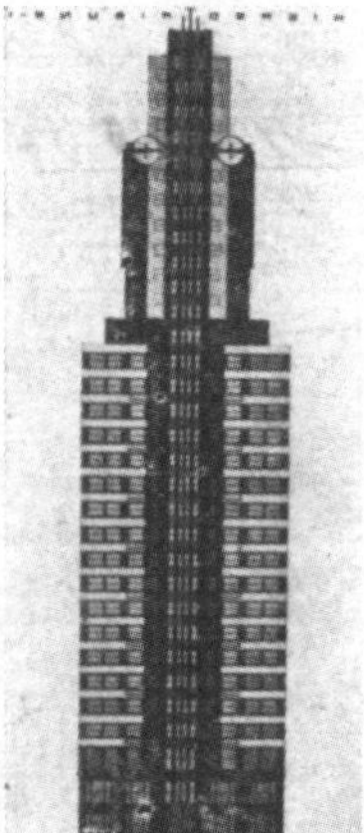

1922 年
克努德 - 隆伯格 - 赫尔姆[②]

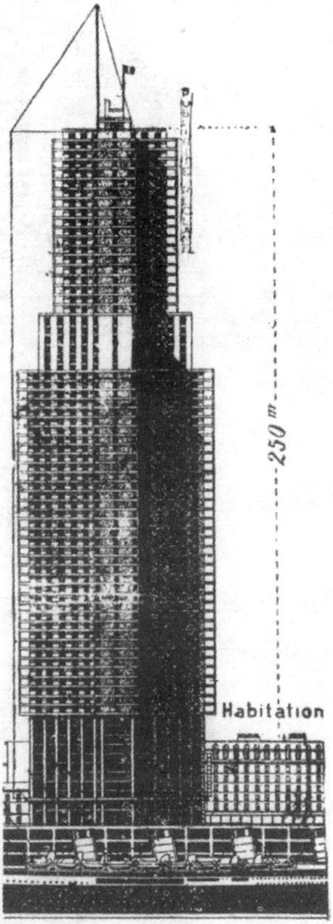

1925 年
奥古斯都 · 佩雷
（参见第 83 页）

---

① MIES VAN DER ROHE，1886—1969 年，德国建筑师。——译者注
② KNUD-LOMBERG-HOLM，1895—1972 年，丹麦裔美国国籍建筑师。——译者注

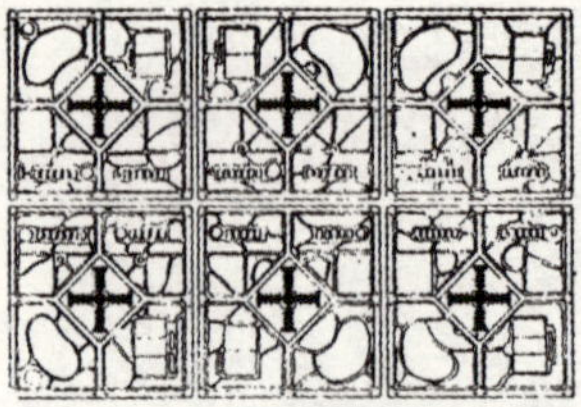

1920—1921 年勒 · 柯布西耶《新精神》杂志;《走向新建筑》

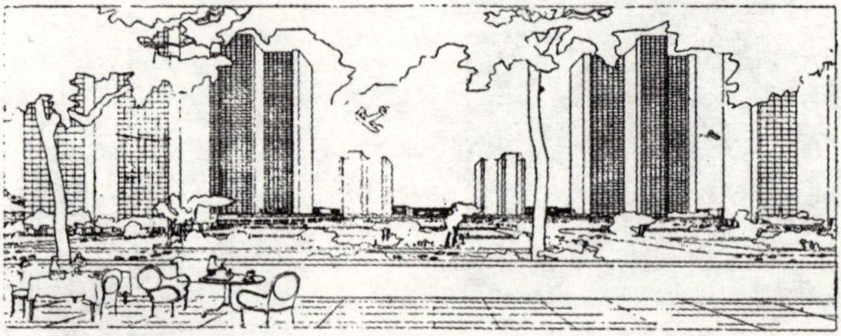

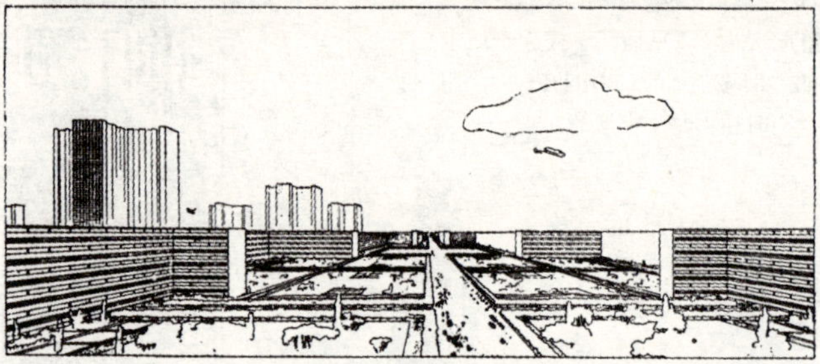

1922 年秋季展馆

1925 年

1925 年 “新精神馆”。巴黎市中心透视图

1921年

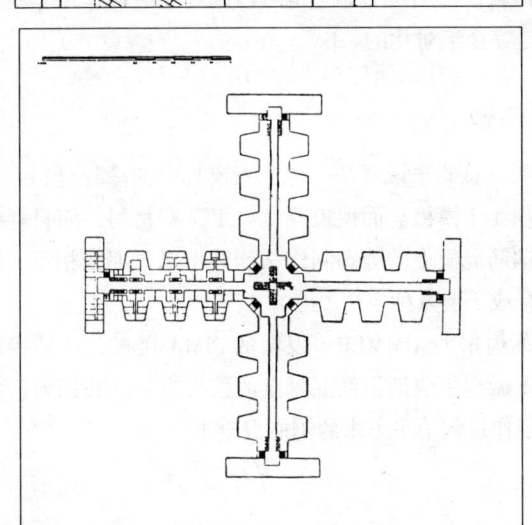

勒·柯布西耶——这是一座十字形摩天大楼的平面图（见《新精神》杂志1921年第4期）（见1922年秋季展：《当代都市》）（见1925年的新精神馆）。这是一座商用摩天大楼，并非用于家庭居住。它之所以建于城市中心是因为商务本应处于城市中心。它之所以缓解了城市中心的堵塞是因为现在的城市中心已经堵塞不堪。

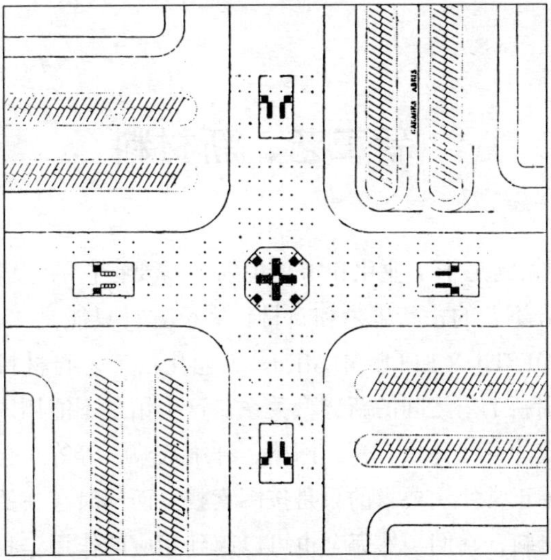

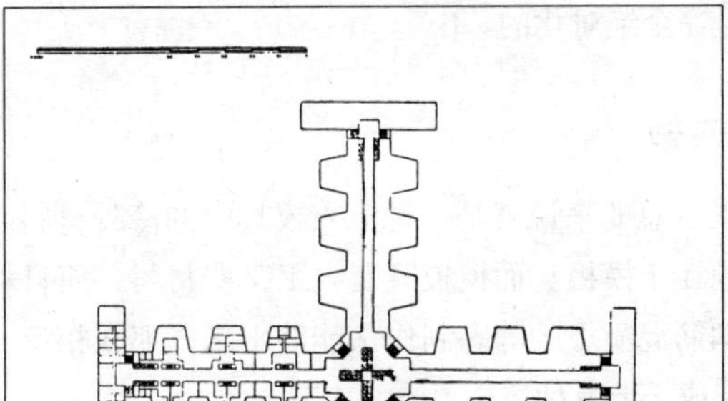

它之所以采用十字形是因为这种形状可以最大程度地保证稳定性。它之所以采用梯形墙是因为它的窗户开得很大。它不需要院子。它建在悬空桩基之上的底层完全开放，直通马路。它体量巨大；每一边都有150—200m。它的外立面全部是玻璃幕墙，而且十分光滑（除了水平安装的排水管，）以不在窗户上形成任何阴影。它装有64部载人和载货电梯，还有12部宽大的紧急疏散用楼梯。

（本页三幅设计图均为同等比例）

1925年

奥古斯都·佩雷，1925年12月（科学与生活）……一座“塔楼”的平面图。这座塔楼也是十字形的。用于家庭居住的有60层，还有12

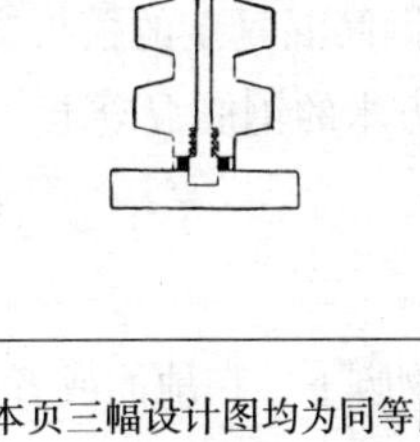

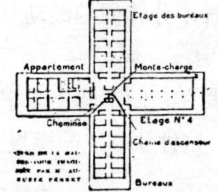

层用于商务。商务与家居混合于同一幢大楼。窗户全都被3—5m的倾斜大阳台挡住。装有4部链式电梯和一部货梯。没有紧急疏散用楼梯。

新工艺、新材料

[新精神馆满足了工业化和审美规划的需要；它的完成与新工艺和新材料是完全分不开的，新工艺和新材料完全并且只能是“关键问题所在”（SONT LA UQESTION ELLE-MEME）。工业化：工艺与材料。审美：应用新材料与应用新工艺之间的新造型关系。这个馆是不能用国际展览会通常的手段来完成的：像什么石膏、网格、纤维灰浆，等等。合适的材料以及对这些材料的正常使用要求的只是按图索骥。而同时存在的还有其他的工艺、其他的材料，它们当然完全也可以起到相应的作用。我随后所作的列举没有一样是完全绝对化的。]

PIMA 楼板

钢筋混凝土总的来说就是一种流入模具中的冷凝材料。使用钢筋混凝土的关键问题在于模板。而模板既费人工又费材料，而且耗时长久。如果说很少见到钢筋混凝土的静态制作法能够出新，那么相反，取消或简化模板的方法却有成千上万种。

工程师苏梅尔（SUMMER）发明的 PIMA 楼板，在某些住宅房屋的常规建筑条件下做到了取消钢筋混凝土的模板支架。我们自己在佩萨克就曾用这种办法制作过数千平方米的钢筋混凝土。

描述

这种办法就是在建筑物脚下，在地面或者下面一层楼板上做好的工字小梁（POUTRELLES）模子中浇入钢筋混凝土，等到完全凝固后就可以安装了。

安装工作需要借助一种十分轻便的滚动三角起重架，就像安装铁制工字小梁一样。

工字小梁安好后，还要在它们中间（工字小梁内部）用炉渣和石膏浇筑一种空心混凝土预制块，这种预制块的模板是吊在工字小梁上面的。

为了达到最佳隔声和隔热效果，还要在每根小梁间留出的空隙里铺垫一层石灰渣，薄厚程度根据工地条件和所需效果而定。

如果楼板上面还要铺一层木地板，那么在工字小梁上就要（在浇筑的同时）再垫一层橡木搁栅，并用救生艇钉钉牢。

要是楼板上面还需要铺地板砖、抹水泥层或者铺无缝地板，那就要在石灰渣垫层的上面再浇筑一层3—4cm厚的混凝土。

PIMA楼板彻底取消了极其昂贵又极其妨碍施工的模板和支架，因此“大大节省了时间与金钱”。（UNE GROSSE ECONIMIE DE TEMPS ET D’ARGENT.）

工字小梁由两块垫板和一块腹板（AME）组成。

小梁上面的垫板构成了工字小梁的承压层，在达到增强垂直惯性矩效果的同时，这块垫板还可以抵消来自侧面的压曲力和扭曲力。

之所以作这种内部加固，目的只是为了增强预制块的粘附力。

SOLOMITE预制板

SOLOMITE：在金属丝框架内用秸杆或芦苇束压制而成的长方形预制板，常用尺寸为2.8m×1.5m（该尺寸还可扩至4m）。这些预制板的自身强度足够，所以安装起来十分方便，用斧头或锯子也可轻易进行切割。

“新精神馆”的所有外墙和所有内部隔断都是用SOLOMITE预制板做成的。内部隔断的涂层通常都是石膏，外部墙壁的涂层则应是水泥，而且最好是“喷涂水泥”（CIMENT PROJETE）（出于经济考虑，我们的外墙涂层用的也是石膏）。

现代建筑都是基于“骨架”（OSSATURE，桩基与楼板）原则，因此“填料”（REMPLISSAGE）问题就明确地摆在了我们面前。坚固的填料、隔声的填料、隔热的填料、轻便的填料，等等。我们认为SOLOMITE预制板完全可以满足这些需要。

轻便是最为重要的一个元素。在做完热效应测试之后，建筑者们都应该紧接着致力于追求最大程度的轻便化。

使用强力胶粘剂注定会导致建筑支撑部分传声效果的增强；而SOLOMITE预制板满足的恰恰是填料的隔声需求。

由钢筋混凝土带来的根本性格局改变（支撑点的定位）引发了家居供

暖的问题。我们住的已经不再是四面墙壁绝对封闭的方形屋子。所以，需要通过外墙来获取足够的隔热效果。关于这一点还有很多的不确定性。而我们最渴望的当然是以轻便见长的隔热墙壁。SOLOMITE 预制板当之无愧。其他几种方法同样有效。

简而言之，我们对 SOLOMITE 预制板的特性兴趣浓厚。对我们所有人来说，这里涉及的就是如何建立各种建筑体系，通过在真正安全条件下在指定位置去实施这些体系以保证一种新产品得以正常使用的做法。

恒温房屋

这些年我们盖的一直都是工厂预制的房屋。这是一种所有“要素”都具有机械精确性并具备各种建筑组合可能性的房屋。我们“在工厂”（EN USINE）就把所有建筑要素全都做好了，通过铁路运到目的地，再像搭建一座桥梁或搭建一座金属板材库房一样把它们搭建起来。

因此，这个问题首先是一个骨架问题：楼板与支撑要素。其次还是一个隔断（墙壁）问题和期限问题（对房屋组成机体的保护）。

建筑工程师拉乌尔·德古尔先生十分漂亮地解决了技术上的问题。至少，他一反众多同行之道而行，终止了现行做法，投身于一系列研究与实践，这些研究与实践终于让他脱颖而出。最后，承蒙他的努力，我们会最终得到一种在工厂做好的、可以满足现代格局和现代审美需求的房子，也许吧？

骨架全部为金属结构，形成了真正永不变形的房屋支架。这个支架的外部包裹着一层 5cm 厚的整体喷涂钢筋混凝土外壳，既防水又经久耐用。一层 10cm 厚的空气垫层将其与内部隔断分隔开来，这些隔断都是由软木压缩而成的，厚约 4cm，嵌在骨架的钢槽之中。

于是这房子就构成了一种“保温”（THERMOS）瓶效应。

水泥套管以一层水泥保护膜把所有铁制部分全都包裹起来。

轻便房屋就这样做成了，“薄膜式的”（PELLICULAIRE），耐火、隔声、通风、防冷：简直就是当房子住的火车厢。

我们还可以想到对家具也进行各种标准化的尝试。也许我们从现在起就能实现快速建造，就能以一个如此令人不快的假设性字眼完成一个“事实”（FAIT）。那就是“批量房屋”（MAISONS EN SERIE）的事实。

于是我们按照我们的原则与德古尔先生一起开始兴建构造型房屋，最终在工厂完成了这种房屋的制造。

“SIEGWART 梁”

用于楼板、屋顶，以及垂直隔板。

这也是支架问题的一种解决办法。SIEGWART 梁是在工厂里做好的。然后运到工地。因为十分轻便,所以可以轻易安装到位。一根挨一根地码放,形成一层楼板。从工厂运出时，这些 SIEGWART 梁就已经完全干燥并且变得十分坚硬，用这种梁装好的楼板当天就可投入使用。如果装的是车间的楼板，那马上就可以把机器放到上面，如果装的是住家的楼板，也可以立刻进行管道等设施的铺装。这种方法甚至可以用于建造墙壁。这种墙壁干燥起来再方便不过了。

SIEGWART 梁是一种长方形空心棱柱，宽 25cm；长度可达 6.5m。把这种梁并排码起来,再用一种液体水泥“灰浆”(COULIS)粘结起来就可以了,根本不用填料。

在工厂直接做好的 SIEGWART 梁一举摆脱了在工地现场制作永远也避免不了的各种缺陷。

这又是一个将工地工业化以及将楼房简化成标准要素的确切实例。

用压缩空气喷漆

一台电动机，一台压缩机；工人就像消防队员似的站在梯子最高处，手里举着喷枪：外立面于是便以奇快的速度覆满了油漆，而且均匀得无以复加。

在室内，顶棚上的油漆工作再也不用脚手架了。

当然，拥有这种喷漆设备的不光是鲁曼和洛朗公司。但我们在这家公司发现的主要是他们对工地的组织方式。“有秩序有结构”（IL Y A DE L’ORDRE ET DE L’ORGANISATION），这是我们为一幢大楼涂漆时所不常看到的。他们的工地负责人拥有各种准备就绪的指定油漆颜色。负责人按照指令将各色油漆十分精确地混合起来；他本人就具有“调色师的眼光”（L’OEIL D’UN COLORISTE）。我们在这里列举的这些实例看似寻常，但它们其实远非司空见惯；校准一幢大楼的色调通常就是一种需要持续而坚忍努力的徭役。

我们之所以处处感觉方便，那是因为这家公司虽然习惯于繁重工作，但却懂得如何分辨细活。这一点不足为奇，因为J·G·鲁曼先生就是工地负责人之一，而他还是一位精益求精、一丝不苟的建筑和家具设计师。

EUBOOLITH 地板

木质楼板——橡木、松木、枞木，等等，均可上溯到最为久远的年代：都是天然产品，不仅暖脚，而且使用方便。只是很不卫生！19 世纪让我们开始关注微生物；楼板、“所有用木板做成的楼板”（TOUS LES PLANCHERS DE PLANCHES）都变得十分危险。我们于是发明了无缝楼板和亚麻油毡，开始接受在整个公寓房里全部铺上地板砖（就像医院）或者亮光亚麻油毡的做法；还有“无缝楼板”（PLANCHERS SANS JOINT）。“新精神馆”的客厅铺的就是 EUBOOLITH 地板，一种被我们做成白色粉表面的无缝楼板。

EUBOOLITH 地板也是一种可在工厂制作的完美木地板，属于机制复合木地板，可以形成绝对均匀的无缝平面，厚度为 10—15mm，而且永不磨损，可以承受最大限度的重压。

这是一种阻燃材料，而且防水防油，极其坚固耐用；有着最高的疲劳耐受度，禁得起载重几千公斤的滚动货车，从而让翻斗车的轨道失去了用武之地。

EUBOOLITH 地板卫生性能优越，而且相当暖脚、隔声，令昆虫没有藏身之地，既不吸尘也不留尘；保洁方便，很容易消毒。

EUBOOLITH 地板可直接铺在钢筋混凝土、硅酸盐水泥和木质地板上面，无需任何特殊准备。

焊管结构

在屋架上使用管材代替屋顶尖锐边缘上的“型材”（PROFILE），从审美角度满足了视觉的享受，给人以轻盈印象，并在牢固度上表现出巨大优势。

我们实践了好几种系统；而安装最为简单的一种，就是通过气焊把栏杆、承梁、桁架等主要部件要素组装到一起；这些部件运输方便，抵达建筑物脚下时已经万事俱备。安装工作可以快速进行，且不必动用专业人士；

几只螺栓和几根柱环就可以完成主要部件的连接。

焊管屋架可用于各种构造：工厂、粮库、体育场看台、车库、展厅，……；它在殖民地区的应用有目共睹，在阿尔及利亚、突尼斯和牙买加更是使用频繁。

焊管的原理还可应用于附属产业，诸如：铁栅栏、天桥、楼梯的制作。

我们曾通过焊管结构形成了一种楼梯模式，以将造船业可观的优势引入楼房内部。但以铁栅制作工艺（精细铁艺）建造这种楼梯的做法让我们付出了高昂的造价且步履维艰，其坚固性只有借助占地面积巨大的三角形要素才能保证。我们于是想到了单车车架的结构，通过气焊就能创造坚固耐用的奇迹。后来我们就做出了像自行车架一样的楼梯。

“RONÉO”门

“RONÉO”公司在最后一刻才让我们获悉，它恢复了我们那种隐蔽门框金属门的制作。我们的同行马莱–斯蒂芬斯从这家公司订购了一个大数目。我们深感欣慰，因为这种对这个创新不可或缺的机制就此开启了：某一天，福至心灵，想法出现；工业家们犹豫不决，半推半就地试着做了一扇；技术部门却勃然大怒；眼看就要放弃，一切都将在或早或晚地付诸东流。可幸运的是，需求跟着就来了，而且来自外部。制作重新开始；技术部门终于理解；他们不再阻挠，而且全力相助，以他们的经验提供了不可估量的巨大帮助。于是终于建成了一种“模式”（MODELE）。有一天，批量生产终于开始了。

RONÉO公司的金属门没有明显的门框；它表面平滑，可以与墙壁融为一体：这里不再有明显的人员出入口；“建筑意义上”（MOTIF ARCHITECTURAL）的房门消失不见了。这又是一种新的解放。

墙壁与家具的“封包”（GAINAGE）

在第26页注1中，我们说到了避免外立面涂层孔隙现象的必要性。自此以后，我们又尝试了（位于布洛涅的T先生住宅……）为外立面“脱膜”（PELLICULAGE）的做法。同样，在继续兴建极薄的“薄膜墙壁”（MURS-MEMBRANES）的同时，我们还遇到了这种薄膜墙壁的后处理问题，它要么是倾斜的，要么就得顺着支柱展开。通常可以用丝绸墙饰或者涂成彩色的墙纸来弥补薄膜墙壁的不足。但，出于卫生和审美的考虑，（就连）我们也会拒绝这样的画蛇添足。我们于是开始对部分内墙（某些地方的）进行封包，就像最近对汽车车身所作的美观封包。“三层革”[TRIPLEX，不幸被冠以“人造革”（SIMILI-CUIR）的名称]是一种种类丰富而又可以水洗的材料。通过用预先分好块的材料对墙壁进行封包，“三层革”可以为墙壁平添一种醒目的光彩。

类似的想法延续到家具中，让我们想到了用“三层革”去封包标准组合柜。这样，家具所用的木料就再也用不着进行精工细做的复杂组装，也省得中央供暖很快就将未经精工细做的部分烘坏；木料可以代之以铁皮、纤维以及特殊浆料。家具组装也可代之以冲压或者模压组合。封包为家具穿上了美丽的外衣。

“创新”（INNOVATION）公司

创新，就像（但程度不同）客轮、飞机、汽车，已经在我们的笔下成为一个具有精确含义的词汇。

这家公司曾经创作出“创新旅行箱”（MALLE INNOVATION），把上千种构思精巧、广受欢迎、在我们一举一动中须臾不可或缺的物品收入其中，我们在其“创新”的旗号下发现了激励我们努力钻研的一种精神：创造“典型性物品”，满足“典型性需求”的精神。

这不就是当代建筑学的根本基础吗！将自己的创新所得以及其他追求同一目的的生产商的创新所得转化到建筑学无比广阔的领域当中，这就是我们的努力目标，也就是本书的写作宗旨。

但除了严格意义上的实用数据，我们还要看到我们所达到的另外一项成果：多年以来，存在于无数“物品”（所谓巴黎的物品）生产过程中的“创新”，已经彻底远离了步履维艰的苦难之路，在那些道路上，有那么多熟练的细木工匠、皮匠、皮件商、玻璃商……还在步履迟缓地蹒跚而行，那些道路依然充满着“风格”的表演，每一步都横亘着“营造富庶”（FAIT RICHE）的装饰。创新直达技术的根本，从技术当中提炼出造型资源，为我们提供了新式的美好物品。而我们则可以心旷神怡地从中找到那些真正的“现代装饰艺术”。

这种材料、体量、空间上的经济学、这些巧妙灵敏的布局令墙壁也变得“栩栩如生”（VIVANT）。通过取缔那些昂贵、占地而又笨重的家具，通过建立精确校准系统对我们每天不停地用了收、收了用的衣服和物品进行有序管理——这种经济学就是机械化时代精神的首要写照，而且还是由一家非艺术品生产商的公司以既系列化又众口一词的美感境界所遵从的经济学。之所以对其关注有加，之所以对其大书特书，就是为了把它写进对刚刚关门的国际装饰艺术展进行的必要总结里。而不是为了做什么商业广告。至于我们，我们为在专业艺术界之外幸会艺术而感到高兴；我们从中找到了一种真理的启示，令我们欢欣鼓舞。

我要开诚布公地为这几行文字插入一幅广告。昨天，创新公司的经理洛佩兹（LOPEZ）先生送给我一台手提式留声机（MIKIPHONE）；直径 10cm，厚度 4cm；这台留声机是别人事先装到他裤口袋里的。去年，一位音乐界的朋友买给我一台大牌子的录音机，价格极其昂贵。巨大的桃花心木外壳，极具分量；搬动起来肯定会十分费劲。有一天，为了进行清洁，我把它拆开了。我发现里面的铸铁部件重达好几公斤。这种铸铁绝对一无用处。我犹豫再三，不知是否该讲出实情。我觉得：要想卖得贵，就得“醒目”（AIT L'OEIL）（所以用了巨大的桃花心木外壳），还得够分量（8KG 的铸铁）。都是纯粹的商业噱头。

但却是老式心态下的商业噱头。

“创新”公司的“手提式留声机”是由日内瓦的钟表匠做出来的。一切都不一样：精细木工和铁饰把它变成了一件钟表式的物品；而且精准亦如钟表。我们知道一只手表拥有数不清的功能准确的部件。问题就在于此。这样的经济学在各个领域都能看到，5 年来，它就是我们这本《新精神》杂志的一根导线。

说什么这个小巧的留声机受到国际装饰艺术展评委会的无情打压都没有用。之所以这么说绝非无理取闹，而是为了再一次提出家居摆设的问题，提出“室内装饰”（DECORATION D'INTERIEUR）的问题。

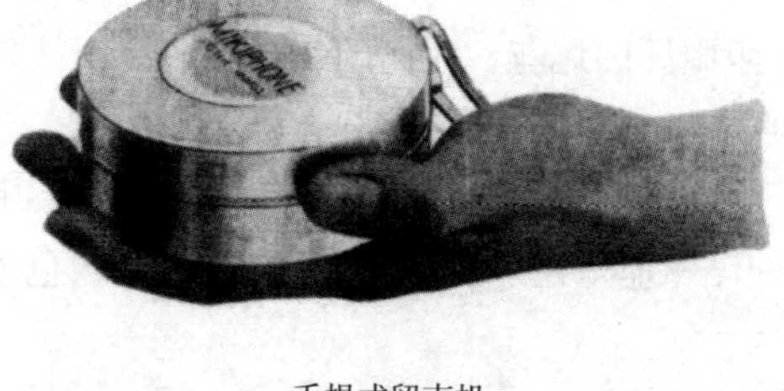

手提式留声机

关于我们所受苦难的简短历史

我们特为这部年鉴编辑了“关于我们所受苦难的简短历史”。

目的无他，只是想请求大家原谅“新精神馆”的工期不定，原谅它竣工的滞后。因为我们曾经“一文不名”（SANS UN SOU），而且展会建筑管理部门还曾禁止我们实施这一项目。

其实，这段简短的历史本应是十分漫长的，尽管简单但依旧漫长，因为我们的灾难无穷无尽，一眼望不到头。整整一年，我们曾经从来没有哪怕是短暂的休息。

这部年鉴不会写入关于我们所受苦难的简短历史，因为就连我们也觉得有太多的艰辛、太多的事例要诉说，以至于要把我们逐日记录下来的这段简单而明确的事件历史讲出来好像就成了一种发泄。

在经历着足以忘掉不幸的幸福时再来讲述不幸，绝对是不合时宜的。

. . . .

这是一幅为了草草收尾而插入的一张第戎市[1]达朗蒂埃尔（DARANTIERE）印刷厂的尾花，我们的年鉴和《新精神》杂志都是在这家印刷厂印出来的。

在这幅尾花上（当时还是前机械论时代！！），有一个外貌与猴子相去不远的男人；懒洋洋地坐在一匹马上，似乎不知道自己要去哪里。这个

① DIJON，法国中部偏东城市。——译者注

猴人似乎因被那位以疲惫面容昭示精神重压的先生所打扰而十分不快；而这位先生的外貌与智者亦相去不远，他只是想驱赶猴人的马匹。他的做法就是亘古不变的用棍子抽打马屁股。在有些国家，为了驱赶驴子，就要揪它的尾巴。我们的这位智者正是这么干的。在这组永远能唤起对当代事件联想的人物身后，我们还看到了一些奇形怪状的生灵：一只松鼠，眼睛半闭，像在期待某种启示；它正从它的蜗牛壳中“初出茅庐”（SORT DE SA COQUILLE），这是一种对所有自认负有不可推卸使命者的常用暗喻。这只缓慢而活泼的杂交物种正蹲踞在一只忙着吞噬花朵的狮头羊身龙尾怪高高的驼峰上（暗示着人们心里的沙漠）。

这幅尾花稀松平常、平淡无奇，也就像我们可以随意解读的历史。

这部著作的胶片全部由巴黎照相制版师奥克斯纳尔（OXENAAR）和佩尔塞沃尔特（PERCEVAULT）制作。

附 录

正文中提及的海报

巴黎（第 7 区）阿纳托尔 ·德拉福日[①]街道 11 号

[卡诺尔大街（AVENUE CARNOL）拐角]

电话：WAGRAM 64.71

法国节律舞与形体训练学校

股份有限公司，注册资本 7 万法郎

校长：阿尔贝 ·让纳雷（ALBERT JEANNERET）

无论从事什么行业，“现代大都市”里的人都成了脑力劳动者：每个人都在殚精竭虑，大量消耗着身体的能量。他们失去了灵活的反应能力，只剩下过度疲劳和未老先衰。

形体训练则可以带来健康并进而带来积极的乐观情绪；我们都体会过身体健康的快乐。

您也许会说：“到哪儿练呀？”

“我可没时间。”

“这玩意我不喜欢。”

而大夫却说：“每周必须做 2 小时的形体练习，有两小时就够了。”

拿出两个晚上，每晚 7—8 点，或者别的时间也行。

如果您“一次”（UNE FOIS）都没有体验过锻炼身体的乐趣，您肯定想像不到那会是怎样的快乐。

不管怎么说也应该“体验一次”（EN GOUTER UNE FOIS）。

因为从来没有经历过。

如果经历了一次，今后肯定会乐此不疲。

这就是参加我们形体训练课程的商人和脑力劳动者们所感受到的。

他们都成了我们形体训练课上的儿童和青年。

全天开放，距离星形广场仅有 150m

场馆高档舒适。

备有衣帽间和冷热水淋浴。

可做体检。

地铁站：星形广场或者奥布里加多（OBLIGADO）站　　请向校长室索要简介

---

① ANATOLE DE LA FORGE，位于巴黎第 17 区。——译者注

购买“一张”(UN)地毯

不是简单的支出

而是一种投资

ABD-EN-NOR公司

“ABD-EN-NOR”公司

“银色海滩”(COTE D’ARGENT)艺术地毯制造厂

纯手工编织

波尔多市圣克鲁瓦(Ste-CROIX)码头 32 号

“新精神馆”，“EUBOOLITH”地板

“EUBOOLITH”地板

股份有限公司，注册资本60万法郎

无缝楼板

电报地址：SAPHOLITH-PARIS

电话：WAGRAM-2438

塞纳省（SEINE）商业注册号：75.932

巴黎（第7区）罗吉埃（LAUGIER）街道36乙

G·苏梅尔（SUMMER）

工程师

朱诺大街[1] 38 号

电话：MARCADET 29.07

巴黎市

承接各种钢筋混凝土工程

拥有 PIMA 楼板的无政府担保专利

① AVENUE JUNOT，位于巴黎第 18 区。——译者

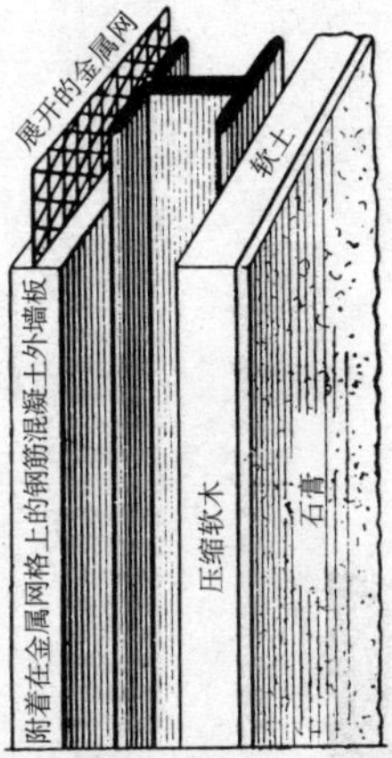

"新精神馆"的德古尔式
墙壁构成示意图

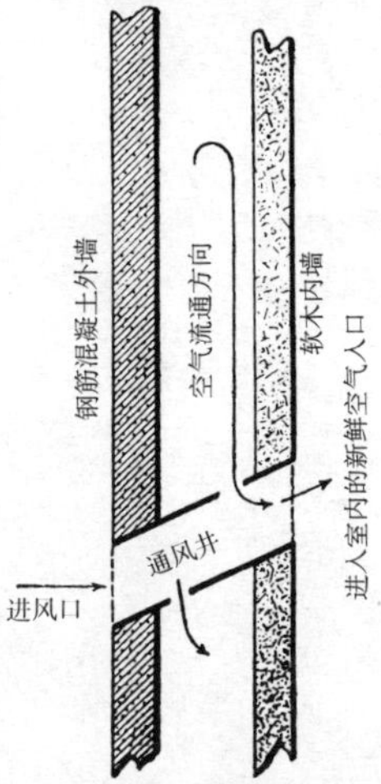

被通风井截断的
墙壁剖面图

建筑工程师

拉乌尔 · 德古尔设计的恒温房屋

工厂地址：索姆省[①]
哈姆市（HAMM）诺瓦雍（NOYON）街道 79 号
办公室地址：巴黎市米罗梅尼尔街道[②]34 号
电话：爱丽舍 48-29

拥有一套自己的房屋
物最美，价最廉
金属屋架
恒温隔板
管式通风法
拥有防火保障

工业化施工 - 金属构架
恒温处理

---

① SOMME，位于法国北部。——译者注
② RUE MIROMESNIL，位于巴黎第 8 区。——译者注

从前

要想抹好一面墙，必须有
昂贵的脚手架
还要搅拌水泥
将其送上脚手架
再糊到墙上
再把它抹平，等等……
耗费大量时间
与人力……

东京的重建

今天

为了做好同样工作，只需要
一副轻便脚手架

一支“渗碳剂喷枪”（CEMENT-GUN）
用于搅拌、上传、抹好黏性密封灰浆
而且成本低廉

安杰索尔—兰德（INGERSOLL-RAND）
巴黎市雷奥穆尔街道[1] 33 号

① RUE REAUMUR，位于巴黎第 2、3 区之间。——译者注

"SOLOMITE" 预制板

股份有限公司，注册资本 40 万 5000 法郎，全资注入
总部：巴黎第 7 区维克多—艾曼纽尔三世大街（AVENUE VICTOR-EMMANUEL III）25 号
电话：爱丽舍 68-85

新式建材

墙壁 隔断 乱石砌体
隔热与防火涂层

坚固 轻便 绝缘 隔声 隔热

阻燃 持久 卫生 实用 经济

使用范围：
城市建筑加高部分。住宅。出租房屋、旅馆、别墅、展厅
山区木屋、花园区、大学区、工人宿舍、军队与移民
营房。车间与工厂、商店与仓库、
冷藏室、冰窖、冷库。顶层
与阁楼住宅改善、
顶楼房间。

保险公司为用 SOLOMITE 预制板所建楼房所做的火险与用硬质材料所建楼房保费相同。

"SOLOMITE" 预制板与喷涂水泥创新了
建筑艺术

封丹品牌公司

巴黎市圣奥诺雷街道 181 号

与实物比例相同

“进步”的钥匙

展示厅：巴黎市里沃利街道 90 号 – 里尔市费德比（FAIDHERBE）街道 19 号 – 布鲁塞尔市艺术大街 58 号

建筑师先生们将十分乐于了解

布费雷与吉雍（BOUFFERET ET GUYON）的草编工艺新创作。

这些最佳效果的草编工艺将在室内装饰过程中实现原创风格。

我们将应询寄上所有资讯。

我们的草编工艺拥有无政府担保专利。

布费雷机构

旺沃街道[①]61 号

电话：SECUR 64.53

巴黎

① RUE DE VANVES，位于巴黎第 6 区。——译者注

普利马维拉（PRIMAVERA）
春天
百货商店的艺术车间

以 813 件模型首创于 1912 年后，“普利马维拉车间”
在 13 年的创业时间里逐渐发展，到了现在，其作品
已拥有 13750 个模型。
“普利马维拉车间”的制作系由其在蒙特勒伊－苏－布瓦[1]的
工厂完成的，下属铜器、雕塑、铁器、纤维灰浆装饰、
喷漆等车间；承揽制作的还有其地毯车间，
以及位于图尔[2]附近
的圣拉德贡德
（SAINTE-RADEGONDE）
陶瓷工厂。

① MONTREUIL-SOUS-BOIS，位于巴黎东郊。——译者注
② TOURS，位于法国中部偏西。——译者注

鲁曼（RUHLMANN）

巴黎里斯本街道[①]27号

由建筑师里施特（RICHTER）负责的
巴黎一间门厅的装饰

① RUE DE LISBONNE，位于巴黎第8区。——译者注

摩托单车

标致

彻底解决机动自行车的问题

不再苦于爬坡！不再苦于吃力！

男车女车齐备

★

免费提供说明

销售与展示商店：巴黎市大军大街[1]

周六下午开门

商业注册号：78.412

① AVENUE DE LA GRANDE ARMEE，位于巴黎第 16、17 区之间。——译者注

普雷拉（PLEYELA）

“以机械手法记录之后，作曲家的构思便一锤定音，不再需要外力介入，就像画家绘画一样。从此摆脱了手工操作的痛苦，普雷拉机械公司为现有各款钢琴的演奏带来了同时用 20—30 根灵敏、准确手指进行演奏的可能性，而且手指的移动速度令人目眩，声音亮度达到最大化。所有乐曲从此将为普雷拉而作。到此我们仍需找到一个起点：要么录下演奏作品，要么编入乐队曲目。普雷拉钢琴最为齐全的‘圣歌’（SACRE）片段让我们物有所值。只需简单地轻点机关便可让自己所拥有和喜欢的‘圣歌’倏然响起，甚至可以随心所欲地加入一点自己的喜好。拥有自己的作品曲库，一如艺术爱好者拥有自己的影集！”

RONEO 门

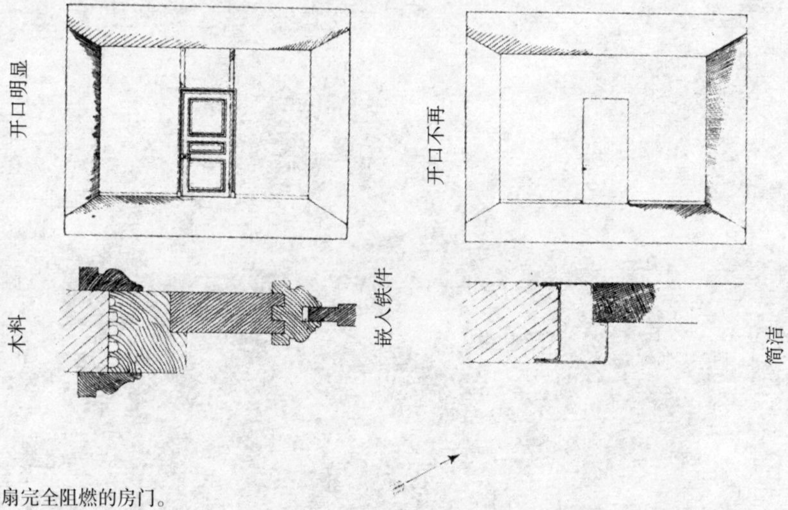

一扇完全阻燃的房门。
一扇永不变形的房门。
一扇精确制作且不会出现任何变形的机械铁门。
一扇油漆永不剥裂的房门。

一扇设计简洁的房门。
一扇不用洞穿墙壁、但所占面积十分有限并且还可让建筑师做出越来越小、越来越精致空间并为最精细的空间利用提供便利的房门，从而巧妙解决昂贵生活中的现实问题。

一扇没有明显门框的房门。
一扇不会引起迄今惟一使用的木质门框重大破裂的房门。
RONEO 房门运到工地时即已全副武装：门框、锁扣、门锁，就安在夹层与顶棚之间。间壁（GALANDAGES）围门而装，无需再作调整。

这就是由 RONEO 公司制作的新式房门。

巴黎市意大利人大道[1] 27 号。

① BOULEVARD DES ITALIENS，位于巴黎第 9 区。——译者注

“三层革”

法国兰克鲁斯塔 · 瓦隆（LINCRUSTA WALLON）与洛雷德（LOREID）联合公司

巴黎市苗圃街道[①] 10 号

“新精神馆”：
小办公室（包有灰、白、暗蓝色三层革的标准组合柜）

时尚包饰
“三层革”完全取代了真皮革，
而且您也确会把它当成真正的皮革；
它更可随意水洗、做成更大尺幅，
因此得以免除形状的不规则以及
真皮制作过程中不可避免的损耗。

---

① RUE DE LA PEPINIERE，位于巴黎第 8 区。——译者注

建造
“别墅建筑”（IMMEUBLE-VILLAS）

于巴黎
建筑师勒 · 柯布西耶和皮埃尔 · 让纳雷，塞弗尔街道 35 号
（电话：FLEURUS：39.84）拜托“技术与工业承包公司”
巴黎歌剧院广场 5 号（电话：CENTRAL 89.17 GUT.07.93）

“别墅建筑”的每一要素自身都是一座二层小楼，类似国际装饰艺术展上以新精神馆之名建在王后大道的那种（参见本书第 107 和第 125 页）。

每一座类似别墅都会分别出售。

目前的预算总额为每幢别墅 18 万法郎，包括全部完工的别墅及其通道部分（楼梯、电梯、地下室）；面积分摊没有包括在内。

买主可向巴黎第 6 区塞弗尔街道 35 号 [就在好商佳百货商店（BON MARCHE）对面] 的布隆岱尔（BLONDEL）先生致询。布隆岱尔先生仅在周一和周四下午 2—4 点接待来访。电话预约：FLEURUS 39-84。

购买合同

签订购买别墅待建地皮文件当日，买主应预先支付别墅价格的一半。余款根据明细单规定的付款方式支付。

别墅建筑

“别墅建筑”将包括一定数量的单元和相关建筑：地窖、水房，等等。由行会组织的团购买主有权决定公共服务的可行格局（车库、旅馆式管理、健身房）。

每幢别墅均可按使用者意愿作内部调整（房间数量、隔断等）。

“别墅建筑”并非租赁公寓房。它可保证每位户主的完全独立。它亦可带来如下新式关键要素：

别墅建筑外立面局部

一座 $70m^2$ 的花园，每幢别墅的主房间均朝向花园（参见本书第 110 页、第 138、142、147 页）。“别墅建筑”就是大都市里的一种新型居住方式。

（参见下页，郊区别墅中的“别墅建筑”）

郊区

别墅中的

“别墅建筑”

目前的预算总额为20.9万法郎，不包括地皮（巴黎地区）

正立面

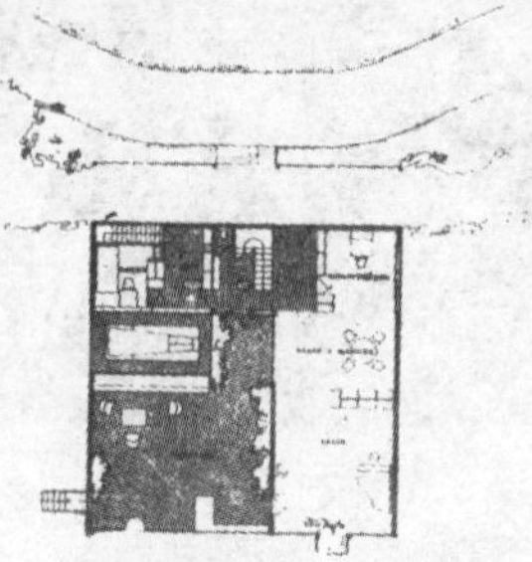

底层平面图

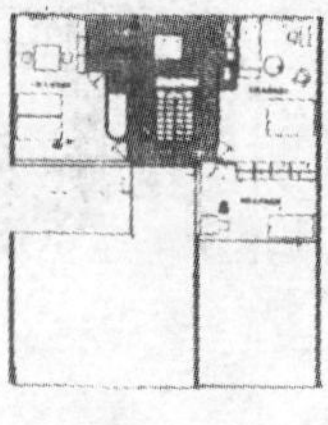

楼层平面图

背立面

建于郊区树丛中的独幢“别墅建筑”单元是一座十分舒适的别墅。带顶棚的空中花园在酷热与暴风雨天气中会带来令人赞叹的庇护。

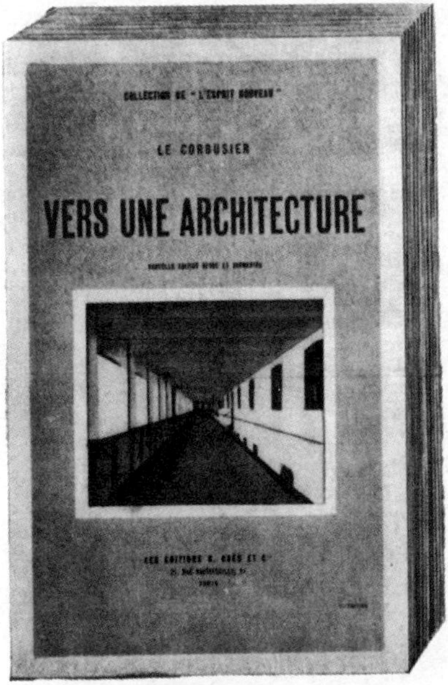

走向新建筑

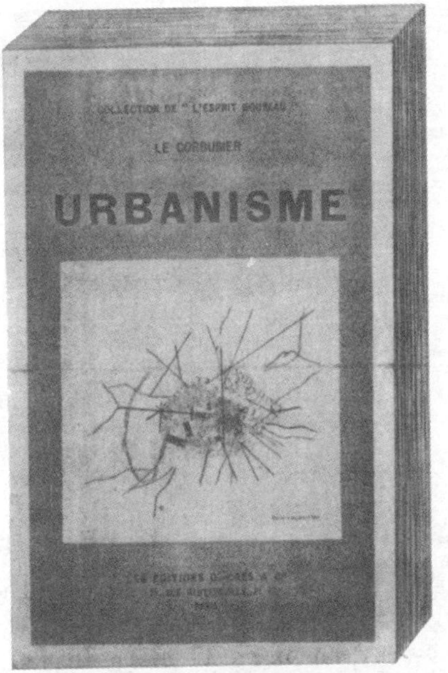

明日之城市

今日的装饰艺术

现代绘画

由乔治 · 格莱斯出版社出版的四本书

1926年，就在巴黎装饰艺术展览会上新精神馆的建造与轰动事件发生一年之后，勒·柯布西耶以《现代建筑年鉴》的出版回击了造谣中伤者并重新挑起了争论。这部著作从此即在其原始手稿的展示中不见了踪影。

科尼文斯出版社通过这部著作以完整的版本和忠于原著的开本开启了古代与现代稀有建筑书籍的重印工作。

科尼文斯出版社
巴黎市天堂街道[①]
34号，75010

① RUE DE PARADIS，位于巴黎第10区。——译者注